Friedrich Wilhelm Henkel
Wolfgang Schmidt

Taschenatlas
Reptilien

182 Arten für das Terrarium
184 Farbfotos

Ulmer

Inhalt

Bibliografische Information der Deutschen Nationalbibliothek
Die Deutsche Nationalbibliothek verzeichnet diese Publikation in der Deutschen Nationalbibliografie; detaillierte bibliografische Daten sind im Internet über http://dnb.d-nb.de abrufbar.

Wollgrasweg 41, 70599 Stuttgart (Hohenheim)
E-Mail: info@ulmer.de
Internet: www.ulmer.de
Umschlaggestaltung: Atelier Reichert, Stuttgart
Lektorat: Dr. Eva-Maria Götz
Herstellung: Thomas Eisele
Satz: Dörr+Schiller, Stuttgart
Reproduktion: BRK, Stuttgart
Druck und Bindung: Firmengruppe APPL, aprinta druck, Wemding
Printed in Germany

ISBN 978-3-8001-5158-5

Vorwort

Reptilien werden seit über 150 Jahren erfolgreich in Terrarien gepflegt und vermehrt, nun sind sie auf dem bestem Weg zum Haustier des 21. Jahrhunderts. Die Gründe dafür liegen in gesellschaftlichen Veränderungen: immer mehr Singlehaushalte mit kurzen Aufenthaltszeiten der Menschen in der Wohnung und damit verknüpft wenig Zeit für die Pflege eines Haustieres. Mit Reptilien muss man nicht Gassi gehen, sie neigen nicht zu lautstarken Äußerungen und nehmen es ihrem Pfleger meist wenig übel, wenn er sie ein paar Tage allein lässt. So wundert es nicht, dass sich immer mehr Menschen mit dieser interessanten Tiergruppe beschäftigen.

Dieser Taschenatlas porträtiert eine Auswahl der beliebtesten, in Terrarien gepflegten Reptilien. Das Buch soll vor allem dem Einsteiger zur Orientierung dienen. Mit je einem Foto und kompaktem Text liefern die Porträts die wichtigsten Informationen über 182 Reptilienarten. Dazu werden den Reptilienarten neun Terrariengrundtypen zugeordnet, in denen eine artgerechte Pflege möglich ist; sowie Informationen zu Haltungstemperaturen und Feuchtigkeit gegeben. Um die Bedürfnisse der Tiere und das Einrichten des Terrariums zu erleichtern, werden Verbreitungsgebiet und Lebensraum vorgestellt. Kurz-Infos zum Aussehen, zur Größe, zur Ernährung und zu Besonderheiten bei der Haltung runden das Buch ab. Es ist ein handliches und kompetentes Nachschlagewerk für Zuhause und Unterwegs, mit dem Sie Reptilien in Zoofachgeschäften und auf Börsen leichter erkennen und deren Ansprüche einschätzen können.

An dieser Stelle möchten wir uns besonders bei Herrn Dr. Michael Meyer (Herne) für die kritische Durchsicht des Manuskripts bedanken. Ebenso herzlicher Dank gebührt all jenen, die durch Bereitstellung von Informationen, Beschaffung von Literatur, Überlassung von Bildern zum Gelingen dieses Buches beigetragen haben.

Friedrich Wilhelm Henkel,
Wolfgang Schmidt,
im Frühjahr 2007

Erklärung der Piktogramme

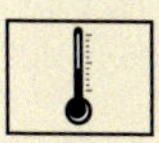
Temperatur: Raumtemperaturbereich im Terrarium während des Tages, eine leichte Nachtabsenkung ist dem Wohlbefinden für die meisten Arten förderlich.

Strahler: Bedarf einer lokalen Wärmeinsel, die leicht mit Strahlern zu errichten ist. Hier können sich die Tiere auf ihre Vorzugstemperatur aufwärmen. Angegeben ist der Temperaturbereich, der nur lokal unter dem Strahler erreicht werden sollte.

Aktivität: Es erfolgt nur eine grundsätzliche Einteilung der Aktivitätszeit in Tag oder Nacht.

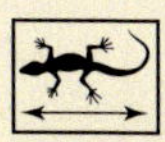
Größe des Tieres: Maximale Gesamtlänge der Tiere einschließlich Schwanz in cm zur Einschätzung der benötigten Terrariengröße. Einzelne Exemplare können die Angaben deutlich über- oder unterschreiten, auch geschlechtliche Unterschiede treten häufig auf. Bei Schildkröten Angabe der Panzerlänge.

Ernährung: A: verschiedene Wirbellose, B: überwiegend vegetarisch, C: Kleinsäuger oder andere Wirbeltiere

Terrarientypen: I bis IX (siehe Seite 4 ff.) sowie die grundsätzliche Zuordnung zu feuchten, halbfeuchten und trockenen Lebensräumen.

Einteilung und Zuordnung der Terrarientypen

Im Folgenden wird eine Auswahl an grundsätzlichen Terrarientypen vorgestellt, in denen man die hier porträtierten Reptilien-Arten unterbringen kann. Aufgrund der teils extremen Spezialisierung einzelner Reptilienarten können diese Modelle aber nicht immer alle Bedürfnisse befriedigen.

Typ I – Feuchtterrarium für kleine und mittelgroße Reptilien

In diesem Grundtyp können kleinere und mittlere, an feuchte Lebensräume angepasste Reptilien-Arten untergebracht werden. Diese Reptilien leben vor allem auf dem Boden, auf den Zweigen der Büsche und Bäume oder im unteren Bereich der Baumstämme. Am geeignetsten dafür sind silikongeklebte **Glasbecken**, die mit einer kleinen **Lüftungsfläche** unter der Frontscheibe und einer großen im Deckel ausgestattet sein müssen, da einige Arten empfindlich auf Staunässe oder schlecht ventilierte Luft reagieren.

Als **Bodengrund** verwendet man eine wenige Zentimeter hohe Schicht, in der die Weibchen ihre Eier vergraben können. Die **Rück- und Seitenwände** werden mit dünnen Korkplatten oder Rindenabschwarten beklebt, als zusätzliche Kletterflächen für die Reptilien. Das sonstige Inventar kann aus einer kleinen, kräftigen Wurzel oder ähnlichen Gegenständen sowie einigen hochkant gestellten Steinplatten oder größeren Rindenstücken bestehen, alles selbstverständlich abhängig vom natürlichen Lebensraum der Tiere.

Typ II – Großterrarium für Regen- und Feuchtwaldbewohner

Vor allem zur Pflege der großen, in feuchten Wäldern lebenden Reptilienarten, die nur selten echte Bodenbewohner sind und häufig gerne auf Bäume klettern oder dort leben, eignet sich dieser Terrariengrundtyp. Da es sich um große Pfleglinge handelt, müssen ihre Behälter entsprechende Ausmaße aufweisen, auch in der Höhe. Dazu kommt die dringend benötigte **Stabilität**, nicht nur wegen der Größe des Beckens, sondern auch wegen des Gewichts und der Kraft der Tiere. Es empfiehlt sich, die Terrarien mit einem festen, stabilen Rahmen aus Holz oder Metall zu versehen, in den man nun z.B. ein aus einzelnen Scheiben bestehendes Glasterrarium kleben kann. Besser wäre jedoch sofort ein **gemauertes Terrarium**.

Sehr wichtig für die artgerechte Haltung vieler Spezies ist auch ein großes **Wasserteil**. **Belüftet** wird der Behälter durch zwei in der Seite und oben liegende Gazeflächen. Die **Einrichtung** ist artabhängig und kann meist sehr einfach gestaltet sein, da die Reptilien mit ihrem Gewicht empfindliche Pflanzen sofort zerdrücken würden und einige die Pflanzen als Bereicherung ihres Speiseplans betrachten. Zum Klettern, Laufen und Schlafen dienen zahlreiche dicke und stabile Äste, gut gesichert gegen Umfallen. Der **Bodengrund** sollte in der Regel nur wenige Zentimeter hoch sein. Lediglich zur Eiablage muss für ausreichend hohen und gut grabfähigen Bodengrund gesorgt werden.

Typ III – Standardterrarium für kleiner und mittelgroße Reptilien

Dieser Terrarientyp eignet sich vor allem zur Pflege der zahlreichen **Generalisten** unter den Reptilien, die sich keinem Lebensraum streng angepasst haben. Die Größe des Behälters richtet sich nach der gepflegten Art. Der **Bodengrund** kann einfach gestaltet werden, allerdings nur aus nicht faulenden Materialien. Große **Lüftungsflächen** sind unbedingt notwendig.

Bei Baumkronenbewohnern empfiehlt sich zusätzlich der Einsatz eines kleinen Ventilators, der **Frischluft** in das Terrarium bläst und so immer für eine leichte Luftbewegung wie in den Baumkronen sorgt. Die übrige **Einrichtung** besteht aus zahlreichen Kletterästen, möglichst großen Büschen oder Bäumen wie *Ficus benjamina* sowie robusten Rankpflanzen. Auch eine üppige Bepflanzung mit Tillandsien und Orchideen kommt in Frage, doch sollten die gepflegten Arten dann nicht zu groß sein.

Typ IV – Felsterrarien für kleine und mittelgroße Reptilienarten

Dieser Terrarientyp eignet sich besonders für die felsbewohnenden Reptilien-Arten, die meist aus **Trockengebieten** stammen. Hier ist unbedingt auf **Stabilität** zu achten, da Felsaufbauten sehr schwer sind. Die Becken sollten eine nicht allzu geringe Höhe aufweisen, weil die Tiere oft gerne klettern.

Der **Bodengrund** kann einfach aus einer flachen Schicht nicht zu scharfkantigen Sandes bestehen. Rück- und Seitenwände werden mit Cersit-Dichtungsschlamm, der sich mit Abdeckfarben nach Wunsch färben lässt, oder anderen Materialien flächendeckend verkleidet. Oft genauso schön wie echte Steine sind die in vielen Größen erhältlichen **Kunstfelsen**. Einige Rankpflanzen oder Sukkulenten sowie dickere Kletteräste oder eine vertrocknete Wurzel vervollständigen die Einrichtung.

Typ V – Trockenterrarien für kleine und mittelgroße Reptilienarten

Viele Reptilien, häufig aus gemäßigten Klimaten, sind reine **Bodenbewohner** und können in diesem Behältertyp untergebracht werden. Wichtig sind vor allem eine große Bodenfläche und je nach Art ausreichende Laufflächen oder gut strukturierte Aufenthaltsplätze. Die geeignete Bauweise stellt, bis zu einer gewissen Größe, das silikongeklebte **Glasterrarium** dar. Wichtig ist eine ausreichende **Belüftung**, da die Tiere oft empfindlich auf hohe relative Luftfeuchtigkeit, Staunässe oder Stickluft reagieren.

Als **Bodengrund** verwendet man je nach Lebensraum der gepflegten Spezies möglichst Lehm oder Sand, bzw. ein Gemisch aus beidem, denn nur so erhält man eine feste Bodenschicht, die das Anlegen von Gängen ermöglicht. Auf den Boden legt man einige, gegen Einsturz abgesicherte Steinplatten oder versteinerte Wurzelstücke usw. Die **Bepflanzung** hat kann aus verschiedene Sorten Ziergräser und den sehr dekorativen Sukkulenten gestaltet werden.

Typ VI – Wüstenterrarium für kleine und mittelgroße Reptilienarten

Hier können die zahlreichen Wüstenformen unter den Reptilien gepflegt werden. Der **Bodengrund** sollte aus nicht zu scharfkantigem Sand mit eingestreuten Steinen bestehen. Darauf gibt man einige einsturzsicher befestigte **Steinplatten**. Ergänzt wird die Einrichtung z. B. durch eine Wurzel und eingetopfte Sukkulenten. Für nicht kletternde Arten eignen sich nach oben offene Glasbecken.

Typ VII – Großterrarium für bodenbewohnende Großreptilien aus trockenen Lebensräumen

Durch die Größe der Tiere und der nötigen Einrichtung eignen sich eigentlich nur **gemauerte Becken**. Da es sich fast ausschließlich um Bodenbewohner handelt, muss das Terrarium immer eine entsprechende **Grundfläche** aufweisen. Viele Arten graben sich echte **Wohnhöhlen**, wozu sie eine wenigstens 40 cm hohe **Bodenschicht** benötigen. Die **Einrichtung** kann aus einigen sicher eingebauten Steinen oder Kunstfelsen sowie zahlreichen dicken, sicher angebrachten Kletterästen bzw. -stämmen bestehen. Auf eine Bepflanzung kann verzichtet werden. Bei einigen Arten sollte immer ein mittelgroßes bzw. kleines, leicht zu reinigendes **Wasserteil** vorhanden sein.

Typ VIII – Aquaterrarium

Beim Aquaterrarium handelt es sich um ein **Aquarium**, das mit einem mehr oder weniger großen (artabhängig) **Landteil** versehen ist. Dieser Behältertyp eignet sich zur Pflege der überwiegend im Wasser lebenden Reptilien. Verwendung finden voluminöse Glasaquarien oder -terrarien, deren unterer Teil nahezu vollständig als **Wasserteil** genutzt wird. In diese Behälter wird ein Landteil eingesetzt oder sorgfältig eingeklebt. Bei größeren Terrarientieren lassen sich auch andere Behälter, wie große Plastikwannen, Fertigteiche usw. nutzen, die durch spezielle Umbauten gegen ein Entweichen der Tiere gesichert sein müssen. Ab einer gewissen Größe der Pfleglinge sollten Wasser- und Landteil immer fest gemauert sein. Das Landteil muss von den Tieren leicht zu besteigen sein. Es sollte daher etwas schräg ins Wasser hineinreichen und ohne glatte Flächen sein. Für fast rein aquatisch lebende Arten reicht es, wenn man den Landteil aus einer größeren Plastikwanne (Balkonkasten) bildet, die ins Aquarium gehängt oder gestellt wird. Wasserschildkröten nutzen den Behälter zur Eiablage oder als Sonnenplatz. Wichtig ist ein leistungsstarker **Filter**, da beispielsweise die Schildkröten große Mengen Kot im Wasser absetzen. Zusätzlich sollte das Wasserteil immer mit einem **eigenen Abfluss** ausgestattet sein und leicht geleert und gereinigt werden können.

Typ IX – Das Landschildkrötenterrarium

Nur die wenigsten Landschildkrötenarten lassen sich ganzjährig in einer Freilandanlage pflegen. Alle anderen müssen zumindest zeitweise im Zimmerterrarium untergebracht werden. Wegen der nötigen, riesigen Grundfläche wird man nur bei der Pflege der kleinen Arten silikongeklebte **Glas- und stabilere Rahmenterrarien** verwenden können. Für viele Arten eignen sich nur fest **gemauerte Behälter** oder speziell für die Schildkrötenhaltung umgestaltete Zimmer, geheizte Gewächshäuser oder Wintergärten.

Für viele Landschildkröten eignet sich als **Bodengrund** am besten nicht zu feinkörniger Sand oder ein zumindest stark sandhaltiges Substrat. Im Terrarium versucht man, mit der Einrichtung einen „**Laufparcours**“ zu gestalten: Hier stampft man die Erde sehr fest. Dafür füllt man den Bodengrund an anderen Stellen wiederum sehr locker ein, so dass sich die Tiere problemlos vergraben können. Für die verschiedenen aus Wald- und Feuchtlandschaften stammenden Arten verwendet man eine höhere Humusschicht (nicht faulende Materialien wie Kokosprodukte oder Schwarztorf) und deckt diese mit einer dicken Laub- oder Rindenmulchschicht ab. Weiterhin bringt man einige **Versteck- und Unterschlupfplätze** im Terrarium unter. Hält man mehrere Landschildkröten in einem Behälter, so sollten auch immer mehrere **Sonnplätze** vorhanden sein. Ebenso darf nie ein Futterplatz fehlen, an dem die Tiere ihre Nahrung erhalten, sowie eine Wasserschale.

Bepflanzung dient aus Sicht der Schildkröte rein als Nahrung. Daher lässt sich eine dekorative Bepflanzung nur schwer verwirklichen. Für Trockenterrarien eignen sich die verschiedenen Sukkulenten, wobei man auf kostbare und giftige Arten verzichten sollte, da sie alle irgendwann angeknabbert werden.

Die Reptilien von A bis Z

Grüne Bromelienschleiche

Abronia gramminea

Verbreitung und Lebensraum: Bisher ist diese Art nur aus Zentralmexiko bekannt. Sie lebt in den Kronen von Baumriesen des Hochlandregenwaldes.

Aussehen: In ihrem natürlichen Lebensraum sind die Tiere grasgrün gefärbt. Sie haben blaue, gelb umringte Augen. Im Terrarium geht diese Farbe in Türkisblau über. Die Ursache für dieses Phänomen könnte in der intensiven UV Strahlung liegen, die im natürlichen Habitat vorherrscht.

Pflege: Die Echsen sollten während der Sommermonate nach Möglichkeit in einem Außenterrarium gepflegt werden. Es handelt sich um eine lebendgebärende Art: das Weibchen bringt bis zu 12 Junge zur Welt. Jene werden von den Elterntieren nicht behelligt.

15–28 °C | *35 °C* | *Tag* | *>20 cm* | *A* | *Typ I, feucht*

Kleine Winkelkopfagame

Acanthosaura crucigera

Verbreitung und Lebensraum: Diese Spezies ist in Südostasien sehr weit verbreitet. Es handelt sich um Baum- und Buschbewohner der örtlichen Regenwälder. Sehr häufig sieht man die Agamen im unteren Stammbereich und auf dem Boden, wo sie nach Insekten jagen.

Aussehen: Die Tiere sind farblich sehr variabel. Über den Augen tragen sie deutlich verlängerte Stachelschuppen. Der hellbeige Körper wird von einem dunkelbraunen Netzmuster überzogen. Die Weibchen bleiben etwas kleiner als die Männchen.

Pflege: Diese Reptilienart sollte paarweise gepflegt werden. Die Weibchen vergraben ihre 10–12 Eier im feuchten Boden. Sie sollten bei Temperaturen um 25 °C in feuchtem Substrat gezeitigt werden.

23–28 °C *nein* *Tag* *>25 cm* *A* *Typ I oder III, feucht*

Jacksons Waldeidechse

Adolfus jacksoni

Verbreitung und Lebensraum: Das Verbreitungsgebiet dieser Art erstreckt sich über weite Teile des zentralen Ostafrika. Es handelt sich um Bodenbewohner, die sich gerne an erhöhten Stellen aufhalten, z. B. an Baumstämmen, auf Felsen u. Ä. Ihre bevorzugten Lebensräume bilden lichte Waldränder und Lichtungen.

Aussehen: Dieses Reptil ähnelt stark unserer einheimischen Zauneidechse. Seine Färbung variiert von grün bis braun. Das Männchen besitzt an den Seiten – kurz vor den Hinterbeinansätzen – einige blaue Flecken.

Pflege: Die flinke Eidechse kann paarweise in geräumigen Terrarien gepflegt werden. Es sollten immer mehrere Sonnenplätze und zahlreiche Verstecke vorhanden sein.

24–28 °C	*35 °C*	*Tag*	*>18 cm*	*A*	*Typ III, halbfeucht*

Fuchsgesichtgecko

Aeluroscalabotes felinus

Verbreitung und Lebensraum: Die Art kommt in Südthailand und Westmalaysia sowie auf Borneo vor. Sie bewohnen Flachlandregenwälder, in denen sie sich in Bodennähe und auf Büschen aufhalten.

Aussehen: Die Grundfärbung variiert von hellbraun bis rotbraun. Über den ganzen Körper können gelbe bis dunkelrote Flecken verteilt sein. Die Art zählt zu den Lidgeckos, die ihre Augen schließen können.

Pflege: Die Haltung von mehreren Tieren beider Geschlechter ist in einem dicht bepflanzten Regenwaldterrarium durchaus möglich. Die Geckos schlafen am Tage zwischen den Blättern und bewegen sich in der Nacht sehr langsam Die Weibchen vergraben ihre zwei weichschaligen Eier im feuchten Boden.

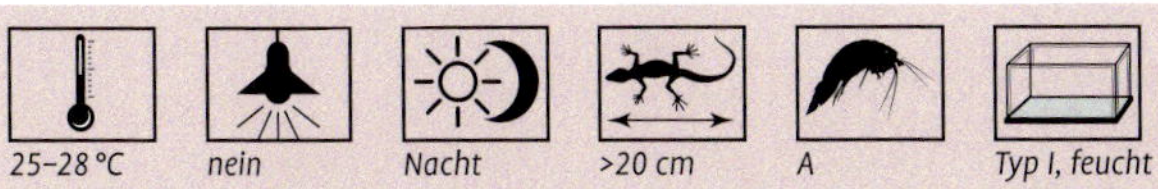

Siedleragame

Agama agama

Verbreitung und Lebensraum: Die Art ist in den Ländern Zentralafrikas sehr häufig. Es sind Kulturfolger, die sich überwiegend am Boden oder in dessen Nähe aufhalten. Die Männchen sitzen sehr gerne an sonnenexponierten Stellen.

Aussehen: Das Weibchen ist beigebraun ohne auffällige Zeichnung. Das Männchen hat einen dunklen Körper, während sich sein Kopf bei Erregung gelb bis rot färbt.

Pflege: Männchen gebärden sich untereinander sehr aggressiv. Man sollte daher stets nur ein männliches Tier mit mehreren Weibchen pflegen. Große Weibchen legen bis zu 12 Eier, die im feuchten Boden vergraben werden. Bei Temperaturen von 28–31 °C schlüpfen die Jungen nach etwa 60–80 Tagen.

25–35 °C | *45 °C* | *Tag* | *>40 cm* | *A* | *Typ IV oder V, trocken*

Bronzegecko

Ailuronyx trachygaster

Verbreitung und Lebensraum: Diese Art ist nur von den Seychellen bekannt. Hier leben die Geckos überwiegend an Palmen, doch als Kulturfolger dringen sie bis in die Gärten von Hotelanlagen vor. Hier findet man sie teilweise sogar an den Gebäuden.

Aussehen: Die Spezies gehört zu den Bronzegeckos, deren Bezeichnung schon auf ihre braune Grundfärbung hinweist. Daneben existieren jedoch auch Tiere mit dunklen Längsstreifen auf dem Rücken.

Pflege: Es kommt nur eine paarweise Haltung in Frage, denn auch Weibchen sind untereinander sehr aggressiv. Die Weibchen kleben ihre zwei Eier (meist als „Doppeleier“) an eine glatte Unterlage. Hierbei werden jene mit dem Bauch gegen die Unterlage gedrückt. Bambusröhren sind für die Eiablage äußerst gut geeignet; ansonsten benutzen die Tiere sehr häufig die Scheiben des Terrariums. Je nach Umgebungstemperatur benötigen die Jungen bis zum Schlupf über 100 Tage.

25–32 °C	*nein*	*Tag/Nacht*	*>25 cm*	*Insekten*	*Typ III, feucht*

Hispaniola-Buntanolis

Anolis bahorucoensis

Verbreitung und Lebensraum: Dominikanische Republik. Es handelt sich um eine baumbewohnende Art, die nur in den Bergregenwäldern vorkommt.

Aussehen: Optisch wirkt diese Spezies sehr ansprechend: insbesondere die Männchen zeigen eine sehr bunte Färbung. Ihr auffallendstes Kennzeichen ist ein leuchtend blauer Hinteraugenfleck, der bei den Weibchen schwächer ausgeprägt ist.

Pflege: Die Tiere zeigen ein ausgeprägtes Revierverhalten: sogar die Weibchen beanspruchen für sich einen bestimmten Bereich. Mehrere Männchen können daher niemals gemeinsam gepflegt werden. Die Weibchen legen etwa alle 14 Tage ein Ei. Die Zeitigungsdauer beträgt je nach Temperatur 40–70 Tage.

23–26 °C | *35 °C* | *Tag* | *>16 cm* | *A* | *Typ I, feucht*

Falsches Chamäleon

Anolis barbatus

Verbreitung und Lebensraum: Dieser Anolis stammt aus Kuba, wo er in den in mittleren Höhenlagen vorkommt. Die Art ist ein typischer Baumbewohner in dicht bewaldeten Gebieten.

Aussehen: Die Grundfärbung setzt sich aus blauen und braunen Farbtönen zusammen. An den Flanken tragen die Tiere große Plattenschuppen. Die in zwei Reihen angeordneten Kegelschuppen an der Kehlwamme können eine Länge von bis zu 7 mm erreichen.

Pflege: Die Leguane sollten einzeln gepflegt und nur zur Paarung zusammengesetzt werden. Nach anfänglicher Scheu und Bissigkeit werden die Tiere handzahm. Die Weibchen legen unter günstigen Bedingungen während der Legeperiode etwa alle 5–8 Tage ein Ei, die bei 24–26 °C gezeitigt werden.

25–28 °C	*35 °C*	*Tag*	*>33 cm*	*A*	*Typ II, feucht*

Hispaniola-Bodenanolis

Anolis barbouri

Verbreitung und Lebensraum: Die Art bewohnt die Gebirgsregionen im Süden Hispaniolas, etwa die Höhenlagen von 300 bis 1710 m. Dort findet man die Tiere auf dem Boden, bevorzugt auf mit Laub bedeckten und gut beschatteten Flächen.

Aussehen: Der Körper ist seitlich abgeflacht. Besonders auffallend wirken die grobe Kopfbeschuppung und die im hinteren Bereich helmartige Struktur des Schädels. Zwischen den Augen verläuft ein dunkelbrauner Strich. Die Grundfärbung besteht aus verschieden Brauntönen, selten auch aus weißlichen bis schwarzen Tönen.

Pflege: Diese Art ist sehr gut zu halten. Die Tiere verpaaren sich fast das ganze Jahr über, bei einer Ruhephase in den Monaten Dezember bis März.

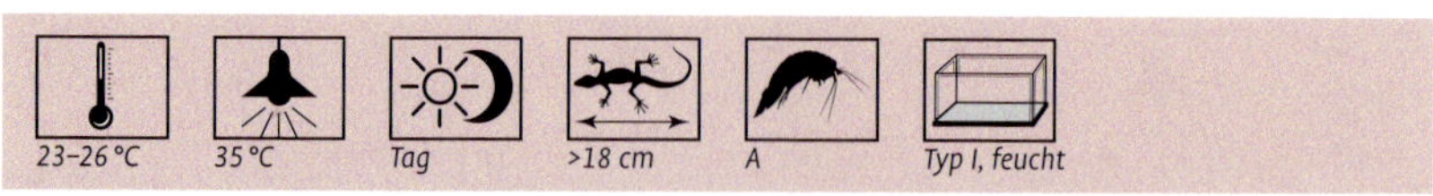

Rotkehlanolis

Anolis carolinensis

Verbreitung und Lebensraum: Das Verbreitungsgebiet erstreckt sich von Florida bis in den Nordosten von Mexiko und umfasst die Bahamas. Die Art lebt hauptsächlich auf Bäumen und Büschen, aber auch auf Mauern, im hohen Gras, an Häusern u. Ä.

Aussehen: Das Farbspektrum der Tiere reicht von braun über graubraun bis nach grün. Nur gelegentlich zeigen sie im Kopfbereich blaue Töne oder auf dem Körper schwarze bzw. weiße Flecken. Die Weibchen besitzen häufig ein helles Dorsalband (Aalstrich).

Pflege: Idealer Terrarienpflegling. Während der Fortpflanzungszeit legen die Weibchen alle 14 Tage ein Ei, aus dem bei Zeitigungstemperaturen von 28–30 °C nach ca. 40 Tagen ein Jungtier schlüpft.

25–28 °C | *35 °C* | *Tag* | *>16 cm* | *A* | *Typ I oder III, halbfeucht*

Strauchanolis

Anolis distichus

Verbreitung und Lebensraum: Die Art stammt ursprünglich aus der Dominikanischen Republik, wo sie vom Meeresniveau bis in Höhenlagen um 1800 m vorkommt.

Aussehen: Die Echsen weisen einen etwas gedrungenen und leicht abgeflachten Körperbau auf. Ihre Färbung variiert von braun bis moosgrün. Die Kehlfahne der Männchen ist orangerot mit gelben Rand.

Pflege: Diese leicht zu pflegende, sehr aktive und attraktive Art kann in kleinen Gruppen aus einem Männchen und mehreren Weibchen gepflegt werden. Die Weibchen legen während des ganzen Jahres ohne Unterbrechung einzelne Eier, aus denen bei Zeitigungstemperaturen von 25–28 °C nach ca. 40 Tagen die Jungen schlüpfen.

25–28 °C | *35 °C* | *Tag* | *>12 cm* | *A* | *Typ I oder III, halbfeucht*

Ritteranolis

Anolis equestris

Verbreitung und Lebensraum: Kuba und Florida. Es handelt sich um ausgesprochene Baumbewohner, die vorwiegend im oberen Stamm- und Kronenbereich großer Bäume leben.

Aussehen: Die kräftig gebauten Tiere besitzen einen dreieckigen, leicht abgeflachten Schädel. Ihr Farbkleid besteht aus einem gleichmäßigen Grün mit hell- bis gelbgrüner Unterhaut. Ein gelber Flankenstreifen beginnt am Hals, um einige Zentimeter hinter dem Ansatz der Vorderbeine zu enden.

Pflege: Diese Spezies sollte nur paarweise gepflegt werden. Das Weibchen legt etwa alle 2–3 Wochen je ein Ei im Boden ab. Jenes muss auf jeden Fall aus dem Terrarium entnommen werden, da die erwachsenen Tiere zum Kannibalismus neigen.

25–28 °C | *40 °C* | *Tag* | *>55 cm* | *A* | *Typ I oder II, feucht bis halbfeucht*

Großer Jamaikaanolis

Anolis garmani

Verbreitung und Lebensraum: Diese Art stammt ursprünglich aus Jamaika, von wo sie nach Florida und auf die Cayman-Inseln verschleppt wurde. Man findet die Tiere in geschlossenen Waldgebieten. Es handelt sich um reine Baumbewohner.

Aussehen: Die Echsen zeigen eine leuchtend grüne Grundfärbung, häufig mit dunkleren Querbändern. Die Männchen tragen einen deutlich ausgebildeten Schwanzkamm; ihre Kehlfahne ist gelb bis orange.

Pflege: Es handelt sich um eine sehr aggressive Art, die man paarweise oder in kleinen Gruppen aus einem Männchen und mehreren Weibchen in sehr großen Terrarien pflegen sollte. Bei Zeitigungstemperaturen um 26 °C schlüpfen die Jungtiere nach 60 Tagen.

25–28 °C	*35 °C*	*Tag*	*>35 cm*	*A*	*Typ II oder III, halbfeucht*

Bahamaanolis

Anolis sagrei

Verbreitung und Lebensraum: Das Verbreitungsgebiet dieser Kleinleguane erstreckt sich von Mittelamerika bis nach Florida. Die Tiere sind überaus anpassungsfähig. Als Kulturfolger trifft man sie an den Hütten der Einheimischen genau so häufig an wie in Parkanlagen, Gärten und Plantagen.

Aussehen: Dieser Leguan gehört zu den kräftigen, hochköpfigen Arten. Die Männchen besitzen im Nackenbereich und auf dem Rücken eine Hautfalte, die sie bei Erregung bis zu 4 mm hoch aufstellen können. Ihre grau- bis schokoladenbraune Grundfarbe ist mit hellen Punkten übersät.

Pflege: In einem mittelgroßen Terrarium lässt sich nur ein Männchen mit mehreren Weibchen pflegen.

25–28 °C	*40 °C*	*Tag*	*>18 cm*	*A*	*Typ I oder III, halbfeucht*

Horn-Blaumaulagame

Aphaniotis ornata

Verbreitung und Lebensraum: Diese Art kommt in Java, Sumatra und Borneo vor. Es handelt sich um Bewohner des Tieflandregenwaldes. Die Tiere leben im Buschbereich und an dünnen Baumstämmen, häufig auch in Bodennähe.

Aussehen: Der deutsche Name „Blaumaul-Agame" weist auf die Färbung der Schleimhäute hin. Beide Geschlechter besitzen einen kleinen Schnauzenvorsatz. Ihre Farbtracht kann zeichnungslos oliv, aber auch gemustert sein.

Pflege: Die Haltung eines Paares oder eines Männchens mit mehreren Weibchen gestaltet sich problemlos. Eine dichte Bepflanzung ist für die Haltung sehr wichtig. Die Weibchen vergraben 1–2 Eier im feuchten Regenwaldboden.

25–28 °C	*nein*	*Tag*	*>20 cm*	*A*	*Typ I, feucht*

Helmbasilisk

Basiliscus basiliscus

Verbreitung und Lebensraum: Das Verbreitungsgebiet dieser Art reicht von Nicaragua bis ins nordwestliche Südamerika. Es handelt sich um Baumbewohner, die stets in der Nähe von Gewässern zu finden sind.

Aussehen: Die Tiere weisen auf grünem bis braunem Grund eine recht variable Zeichnung auf. Vor allem die Männchen besitzen einen hohen Kopflappen sowie Rücken- und Schwanzkämme, die mehrere Zentimeter hoch sind. Letztere sind nicht durchgehend, sondern deutlich voneinander getrennt.

Pflege: Diese Leguane benötigen sehr viel Platz. Das Terrarium sollte nicht kleiner als 2 m^2 sein und eine Höhe von 1,5 m nicht unterschreiten. Ein großes Wasserbecken muss stets vorhanden sein.

25–30 °C

40 °C

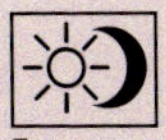

Tag

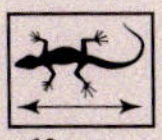

>60 cm

A

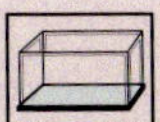

Typ II, feucht

Fischers Zweihornchamäleon

Bradypodion fischeri

Verbreitung und Lebensraum: Das Verbreitungsgebiet dieser Chamäleons umfasst mehrere Gebirgsstöcke im zentralen Ostafrika. Es wurden bisher mehrere Unterarten beschrieben, die vorwiegend Waldgebiete bewohnen: die am häufigsten importierte – *Bradypodion fischeri multituberculatum* – stammt aus den westlichen Usambara-Bergen.

Aussehen: Ihr herausragendstes Merkmal sind die seitlich stark zusammengedrückten Schnauzenfortsätze, die bei den Männchen bis 20 mm lang werden können. Das Farbspektrum reicht von Weiß, Gelb und verschiedenen Grüntönen über Grau und Braun bis Schwarz.

Pflege: Die Chamäleons sollten möglichst einzeln gepflegt werden, bei einer Nachtabsenkung um 6–8 °C.

23–26 °C	*35 °C*	*Tag*	*>30 cm*	*A*	*Typ I oder III, halbfeucht*

Usambara-Weichhornchamäleon

Bradypodion tenue

Verbreitung und Lebensraum: Von Süd-Kenia bis in den Norden Tansanias. Es handelt sich um Baumkronenbewohner der feuchten tropischen Bergwälder. Alle bisher bekannten Fundorte liegen zwischen 700 und 1.400 m über NN.

Aussehen: Die Art besitzt einen beweglichen, seitlich abgeplatteten Schnauzenfortsatz, der spitz zuläuft. Ihre häufig flechtenähnliche Färbung besteht aus verschiedenen Grau-, Beige-, Grün- und Brauntönen. Nur selten sieht man leuchtende blaue oder rötliche Farbtupfer.

Pflege: Diese Chamäleons sollten einzeln gehalten werden. Bei Zeitigungstemperaturen von 17–21 °C schlüpfen die Jungtiere nach ca. 8 Monaten. Sie zeigen eine graubeige Färbung mit grünlichen Flecken.

21–25 °C	*35 °C*	*Tag*	*>18 cm*	*A*	*Typ I oder III, feucht*

Borneo-Langschwanzagame

Bronchocela cristatella

Verbreitung und Lebensraum: Diese Agamen sind in ganz Südostasien (einschließlich Neuguinea) verbreitet. Vom Regenwald bis zum Kulturland (Gärten u. Ä.) besiedelt die Spezies alle Habitate. Hierbei dringt sie vom Meeresniveau bis in die Nebelwälder um 1600 m über NN vor.

Aussehen: Einheitlich grün, teilweise mit hellen Flecken und feiner Sprenkelung. Die Schwanzlänge kann 2/3 der Körperlänge überschreiten. Im Nacken tragen die Tiere einen niedrigen Kamm.

Pflege: Im Terrarium erweisen sich die Echsen als etwas heikel. Man kann sie nur paarweise oder gar einzeln pflegen. Die Weibchen vergraben ihre 1–2 Eier im feuchten Boden; ihre Zeitigung kann bei etwa 25 °C erfolgen.

Stachelchamäleon

Brookesia stumpffi

Verbreitung und Lebensraum: Nord- und Nordwestmadagaskar mit der vorgelagerten Insel Nosy Bé. Das Biotop umfasst die Laubstreu und die niedrige Strauchschicht des Primärregenwaldes, doch dringt diese Art auch in Gärten vor.

Aussehen: Der walzenförmige Körper ist mit kleinen Stachelschuppen übersät. Auf dem Rücken finden sich paarweise große, flache Stacheln, deren Spitzen nach den Seiten gerichtet sind. Von weitem wirken die Tiere wie welke Blätter. Ihre Grundfärbung ist gewöhnlich braun, kann aber auch rötlich oder sogar olivgrün ausfallen.

Pflege: Diese Erdchamäleons können paarweise gepflegt werden. Bei der Einrichtung muss für viele geschützte Versteckplätze gesorgt werden.

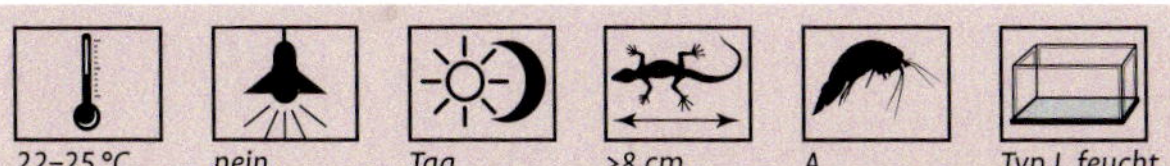

Augenzipfel-Stummelschwanzchamäleon

Brookesia superciliaris

Verbreitung und Lebensraum: Ostküste Madagaskars mitsamt vorgelagerten Inseln, etwa von Meeresniveau bis in Höhenlagen von 1000 m. Man findet die Erdchamäleons in der Laub- und Krautschicht, aber auch im Geäst niedriger Sträucher.

Aussehen: Diese Art erinnert stark an ein vertrocknetes Blatt. Besonders auffallend wirken das hohe Rückensegel, die schmale, längs der Wirbelsäule verlaufende Rückensäge, die großen Stachelschuppen über den Augen und die vier isolierten Stachelschuppen an der Kehle. Die Färbung setzt sich aus braunen, grauen, olivgrünen, rötlichen und sehr dunklen Tönen zusammen.

Pflege: Die Spezies ist recht verträglich und kann im Terrarium paarweise gepflegt werden.

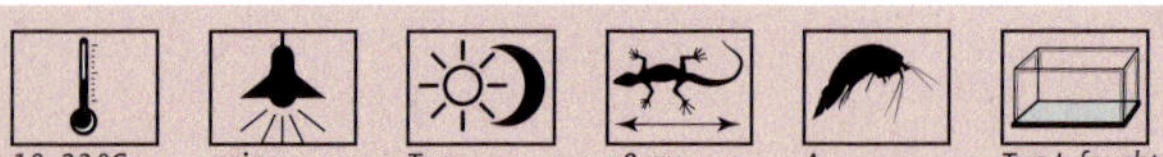

Veränderliche Schönechse

Calotes versicolor

Verbreitung und Lebensraum: Riesiges Verbreitungsgebiet vom Iran bis in den süd- und südostasiatischen Raum. Sie meidet nur reine Wüstengebiete, ist aber ansonsten an keinen bestimmten Lebensraum gebunden.

Aussehen: Junge Männchen und Weibchen sind in Zeichnung und Färbung sehr ähnlich. Adulte Männchen sind meist einfarbig gelbbraun und bei Erregung bekommen sie einen gelben bist rotbraunen Kopf.

Pflege: Die Männchen sind sehr aggressiv untereinander. Eine paarweise Haltung oder ein Männchen mit mehreren Weibchen geht problemlos. Die Weibchen vergraben ihre bis zu 25 Eier im feuchten Boden. Bis zum Schlupf benötigen die Jungen etwa 80 Tage bei einer Zeitigungstemperatur von 23–25 °C.

25–30 °C; | bis 40 °C | Tag | <50 cm | A | Typ III, trocken

Tigerchamäleon

Calumma tigris

Verbreitung und Lebensraum: Die Art bewohnt nur die Seychellen-Inseln Mahé, Sihouette und Praslin. Die Art kommt von der Küste bis in die höheren Lagen vor. Es handelt sich um einen reinen Baumbewohner.

Aussehen: Die Art weist einen schlanken, lang gestreckten Körperbau auf. Auffälligstes Merkmal ist ein rundliches Hautläppchen unterhalb der Schnauzenspitze, mit einem Durchmesser von 2 bis 3 mm. Die Färbung ist sehr variabel und reicht von grün über gelb bis nach beige.

Pflege: Gut haltbare und recht verträgliche Art. Lediglich 2 oder mehrere Männchen dürfen nicht miteinander vergesellschaftet werden. Die Weibchen legen ihre Eier zum Teil auch verborgen in Blattachseln ab.

24–28 °C | *35 °C* | *Tag* | *>23 cm* | *A* | *Typ I oder III, halbfeucht*

Blattnasenagame

Ceratophora tennentii

Verbreitung und Lebensraum: Diese Art ist in den Knuckles-Bergen von Sri Lanka endemisch. Hier leben die Agamen in einer Höhe von 900 bis 1200 m. Es sind feuchte Waldgebiete mit tagelangen Regenfällen und nebelartigen Niederschlägen. Die Art sitzt am unteren Stammbereich der Bäume und sehr häufig an den Stielen der Cardamon-Pflanze.

Aussehen: Diese Art besitzt einen seitlich abgeflachten fleischigen Nasenfortsatz. Die Grundfärbung ist ein Grüngelb in verschiedenen Abstufungen ohne Zeichnungselemente.

Pflege: Nur in kühlen Räumen haltbar. Die Art benötigt eine kühle Überwinterung bei etwa 10 °C. Die Weibchen vergraben ihre bis zu 10 weichschaligen Eier im feuchten Boden.

15–23 °C	nein	Tag	>20 cm	A	Typ I, sehr feucht

Jemenchamäleon

Chamaeleo calyptratus

Verbreitung und Lebensraum: Weite Teile des Jemens. Dort leben die Tiere auf Bäumen und Büschen.

Aussehen: Hervorstechendes Merkmal ist der bis 8 cm hohe Helm der männlichen Tiere, der ihnen ein imposantes Erscheinungsbild verleiht. Bei den meist deutlich kleineren Weibchen ist er nur angedeutet. Grundfärbung der Männchen ist ein helles Gelbgrün, unterbrochen von mehreren gelben Querbinden und braunen Flecken auf dunkelgrünem Grund. Die Weibchen zeigen eine grasgrüne Grundfärbung mit kleinen weißen Streifen und braunen Flecken.

Pflege: Idealer Terrarienpflegling, der paarweise in großen Terrarien gehalten werden kann. Zu empfehlen ist jedoch die Einzelhaltung.

25–30 °C | *45 °C* | *Tag* | *>45 cm* | *A* | *Typ V, trocken*

Blaues Chamäleon

Chamaeleo ellioti

Verbreitung und Lebensraum: Dieses Chamäleon bewohnt in Ost- und Zentralafrika Höhenlagen zwischen 800 und 1800 m. Dort leben die Tiere auf Büschen, im hohen Gras, an Feld- und Wegrändern sowie in Gärten.

Aussehen: Der Helm ist nur wenig erhöht. Rücken- und Kehlkamm bestehen aus kleinen, gleichmäßigen Stachelschuppen. Das Farbspektrum umfasst nahezu alle Töne: vor allem Männchen zeigen auf grüner Grundfärbung ein buntes Muster.

Pflege: Die innerartliche Aggressivität ist relativ gering ausgeprägt. Die Tiere sind den ganzen Tag über aktiv. Die Vergesellschaftung eines Pärchens ist in einem sehr geräumigen Terrarium durchaus möglich. Diese Art bringt lebende Junge zur Welt.

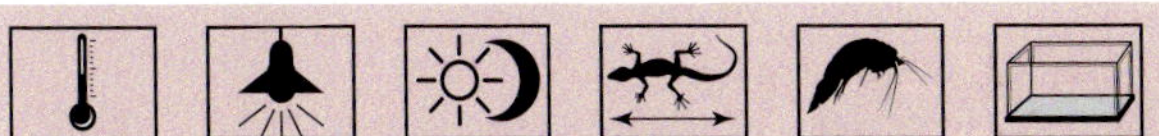

22–26 °C | *35 °C* | *Tag* | *>16 cm* | *A* | *Typ III, halbfeucht*

Helmchamäleon

Chamaeleo hoehnelii

Verbreitung und Lebensraum: Das Verbreitungsgebiet der Art erstreckt sich über die Höhenlagen Ostafrikas zwischen 800 und 2800 m, wo die Tiere ausschließlich in Büschen und im Gestrüpp leben.

Aussehen: Namengebend ist hier der stark erhöhte Helm (dt. „Helmchamäleon"). Auffallend sind ferner der kleine, beschuppte Nasenfortsatz und der aus großen Stachelschuppen bestehende Rücken- und Kehlkamm. Auf grünem Grund zeigen die Chamäleons häufig ein buntes Rautenmuster.

Pflege: Man hält die Tiere am besten in Drahtgazeterrarien oder frei auf einer nicht nach Süden ausgerichteten Fensterbank. Die Temperaturen sollten dabei nachts um 6–8 °C absinken. Die Weibchen gebären lebende Junge.

18–22 °C	*35 °C*	*Tag*	*>22 cm*	*A*	*Typ III, halbfeucht*

Johnstons Chamäleon

Chamaeleo johnstoni

Verbreitung und Lebensraum: Zentralafrikanisches Hochland in Höhenlagen zwischen 1000 und 2400 m. Die Tiere sind Waldrandbewohner, die auf Bäumen in mehreren Metern Höhe leben.

Aussehen: Die Männchen besitzen drei gelbliche Hörner von 16 bis 30 mm Länge. Den Weibchen fehlen jene völlig. Die Männchen zeigen eine hellgrüne, von türkisblauen Bändern überzogene Grundfärbung, die mit großen ockergelben Flecken durchsetzt ist. Grundfarbe der Weibchen ist ein helles Olivgrün mit zahlreichen darüber verstreuten schwarzen Flecken.

Pflege: Bei dieser Spezies ist die Aggressivität besonders stark ausgeprägt. Man sollte die Tiere nur einzeln in geräumigen Behältern halten.

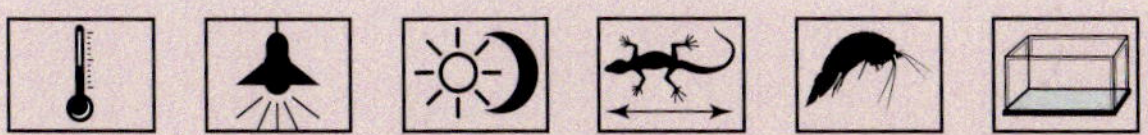

20–24 °C | *35 °C* | *Tag* | *>20 cm* | *A* | *Typ III, halbfeucht*

Kragenechse

Chlamydosaurus kingii

Verbreitung und Lebensraum: Diese stattliche Agame kommt nur in Australien und Neuguinea vor. Sie bevorzugt lichte Wälder: von trockenen Arealen mit einzeln stehenden Bäumen bis zu feuchten Biotopen.

Aussehen: Tiere aus Neuguinea sind graubeige mit dunkelbrauner Zeichnung und dunklem Kragen. Australier hingegen besitzen einen roten Kragen und sind insgesamt intensiver gefärbt. Beide Geschlechter besitzen eine abspreizbare „Halskrause", deren Durchmesser wesentlich größer als der Kopf ist.

Pflege: Man kann diese Echsen in großen Terrarien paarweise oder in Gruppen aus einem Männchen und mehreren Weibchen pflegen. Aus den bis zu 15 Eiern schlüpfen nach 80–90 Tagen die Jungtiere.

25–32 °C	45 °C	*Tag*	*>80 cm*	*A*	*Typ II, halbtrocken*

Gebänderter Wüstengecko

Coleonyx variegatus

Verbreitung und Lebensraum: Diese Art bewohnt die Halbwüsten und Wüsten im Südwesten der USA und im Norden Mexikos. Den Tag verschlafen die Geckos in selbstgegrabenen Höhlen.

Aussehen: Es handelt sich um Krallengeckos mit beweglichen Augenlidern. Die beige Grundfärbung wird durch kleine dunkelbraune Punkte und Querbinden belebt. Die Männchen besitzen beiderseits der Schwanzwurzel einen ca. 1 mm langen Sporn.

Pflege: Man kann die Tiere in Gruppen aus einem Männchen und mehreren Weibchen pflegen. Die Weibchen vergraben ihre zwei weichschaligen Eier im feuchten Sandboden. Bei einer Zeitigungstemperatur von 28 °C benötigen die Jungen bis zum Schlupf etwa 52–56 Tage.

25–32 °C	nein	Nacht	>12 cm	A	Typ VI, trocken

Ceylon-Taubagame

Cophotis ceylanica

Verbreitung und Lebensraum: Diese Agamen bewohnen die Berge Sri Lankas in Höhen zwischen 600 und 2000 m. Es sind Baum- und Buschbewohner. In der Nacht schlafen sie auf dünnen Zweigen und Ästen, auch hoch oben in den Bäumen. Ihr Lebensraum zeichnet sich durch extreme Temperaturunterschiede aus.

Aussehen: Der deutsche Name „Taubagame" weist darauf hin, dass die Tiere kein äußerlich sichtbares Trommelfell besitzen. Ihr Körper ist mit dachziegelartigen Schuppen bedeckt. Die Färbung ist olivgrün.

Pflege: Temperaturen über 25 °C sollten vermieden werden. Die Haltung von einem Männchen mit mehreren Weibchen gestaltet sich problemlos. Die Weibchen sind lebendgebärend.

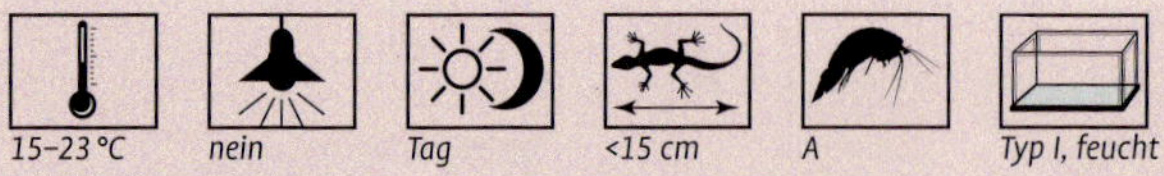

Gürtelschweif

Cordylus ukingensis

Verbreitung und Lebensraum: Dieser Gürtelschweif kommt nur in der Region Ukinga (Tansania) vor. Wir fanden die Art im Regenwald der Udzungwa-Berge. Es sind Baumbewohner, die bei Gefahr in wassergefüllten Baumhöhlen Schutz suchen. Hier können sie einige Zeit unter Wasser verharren und verstecken sich dabei im Laub, das häufig am Boden der genannten Höhlen zu finden ist.

Aussehen: Auf braunem Grund zeigen sich dunkelbraune bis schwarze Querbinden. Bauch und Kehle sind hell davon abgesetzt.

Pflege: Über Haltung und Zucht ist erst wenig bekannt. Die Art lässt sich in einem Regenwaldterrarium pflegen, wobei kleine Starenkästen den Tieren als Rückzugsmöglichkeit dienen. Die Echsen können paarweise gehalten werden.

24–28 °C	*30 °C*	*Tag*	*>15 cm*	*A*	*Typ I, feucht*

Andamanenagame

Coryphophylax subcristatus

Verbreitung und Lebensraum: Diese Agame ist nur von den Andamanen und Nikobaren bekannt. Dort bewohnt sie Wälder und deren Randgebiete. Die Tiere sind Baum- und Buschbewohner, die sich aber auch im unteren Stammbereich von Bäumen aufhalten.

Aussehen: Die Färbung ist gleichmäßig zeichnungslos grüngelb. Nur die Männchen können ein netzartiges Muster aufweisen.

Pflege: Die Art sollte paarweise gepflegt werden. Weibchen legen im Abstand von 40–45 Tagen je 2 Eier. Diese werden in einem feuchten Substrat gezeitigt. Bei Temperaturen von 26–28 °C schlüpfen die Jungen nach etwa 70 Tagen. Ihre gemeinsame Aufzucht ist in einem dicht bepflanzten Terrarium möglich.

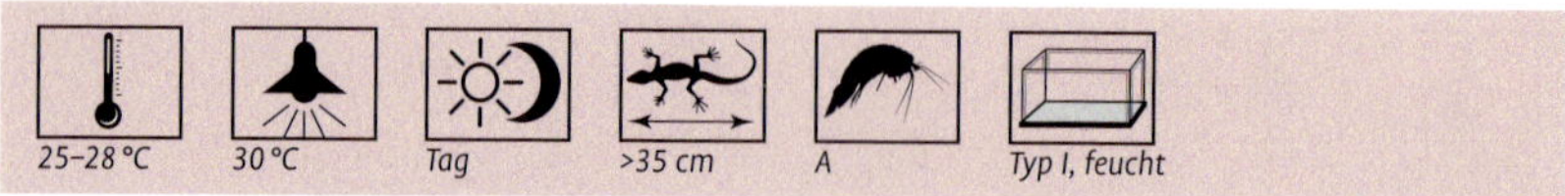

Saumschwanz-Hausgecko

Cosymbotus platyurus

Verbreitung und Lebensraum: Das riesige Verbreitungsgebiet reicht von Südindien bis nach Taiwan. Sie kommen in allen Lebensräumen außer Wüstengebieten vor. In allen Städten sind sie als Kulturfolger auch an Häusern zu finden.

Aussehen: Charakteristisch für diese Geckos sind der abgeflachte Körper und der flache Schwanz. Die Grundfärbung reicht von beige bis dunkelgrau.

Pflege: Ein Männchen lässt sich problemlos zusammen mit mehreren Weibchen pflegen. Diese Art eignet sich auch hervorragend für die freilaufende Haltung in einem Terrarienzimmer. Die hartschaligen, fast kugelrunden Eier werden in sicheren Verstecken abgelegt. Nach 60–80 Tagen schlüpfen die Jungen.

25–32 °C	*nein*	*Nacht*	*>14 cm*	*A*	*Typ III, halbfeucht*

Bunter Halsbandleguan

Crotaphytus collaris

Verbreitung und Lebensraum: Vom Südwesten der USA bis nach Nordmexiko. Die Art ist an felsige Habitate gebunden.

Aussehen: Die Grundfärbung ist blaugrün; darüber verläuft eine deutliche Querbänderung. Der Kopf ist farblich abgesetzt und der gesamte Körper mit weißen Flecken übersät. Am Hals zeichnet sich im Kehlbereich ein unterbrochenes, schwarz abgesetztes Doppelhalsband ab.

Pflege: Die Art sollte nur paarweise gepflegt werden, da sie eine starke Partnerbindung ausbildet. Für die erfolgreiche Zucht ist eine Winterruhe von ca. 8 Wochen unerlässlich. Pro Jahr werden bis zu 3 Gelege aus jeweils 3–12 Eiern abgelegt. Gezeitigt werden sie bei 30 °C in mäßig feuchtem Vermiculite.

28–30 °C | *45 °C* | *Tag* | *>35 cm* | *A* | *Typ IV oder V, trocken*

Wüsten-Halsbandleguan

Crotaphytus bicintores

Verbreitung und Lebensraum: Das Verbreitungsgebiet erstreckt sich über den Südwesten Nordamerikas. Halsbandleguane lieben trockene, heiße Steinwüsten und ähnliche Landschaftstypen mit einer schütteren Vegetation aus niedrigen Sträuchern und Kakteen.

Aussehen: Die Tiere besitzen einen langen, schlanken Körper. Auf graugrünlichem Grund zeigen sie eine bisweilen nur angedeutete Querbänderung, ein durchgehendes Halsband und zahlreiche unregelmäßige helle Flecken. Die Oberseite des Schwanzes weist keinerlei Musterung auf.

Pflege: Für die erfolgreiche Zucht müssen die Tiere unbedingt eine Winterruhe von ca. 6 Wochen durchmachen. Pro Jahr werden bis zu 3 Gelege abgesetzt.

28–30 °C *45 °C* *Tag* *>35 cm* *A* *Typ IV, trocken*

Schwarzbrustleguan

Ctenosaura melanosterna

Verbreitung und Lebensraum: Honduras. Es handelt sich um reine Baumbewohner in lichten Trocken- und Kakteenwäldern, die nur selten auf den Boden herabsteigen.

Aussehen: Die Färbung besteht aus breiten grauen bis schwarzen, unterschiedlich gemusterten Querbändern, die durch weiße Punktreihen getrennt sein können. Die Männchen besitzen eine riesige Kehlwamme und einen hohen Rückenkamm.

Pflege: Wir empfehlen Einzelhaltung oder die Pflege eines Paares – aber nur in wirklich geräumigen Behältern, die mit dicken Baumstämmen und Kletterästen ausgestattet sein sollten. Als Versteckplätze dienen sicher befestigte, hohle Korkröhren von etwa 10 cm Durchmesser.

28–30 °C | *45 °C* | *Tag* | *>70 cm* | *A* | *Typ VII, halbfeucht bis trocken*

Schwarzer Leguan

Ctenosaura similis

Verbreitung und Lebensraum: Dieser Schwarzleguan kommt von Südmexiko bis Panama vor. Die Art ist sehr anpassungsfähig: man findet die Tiere in trockenen Gebieten eben so häufig wie in feuchteren Landstrichen.

Aussehen: Es handelt sich um stattliche Echsen: ihre Färbung ist hellbeige oder bräunlich bis schwärzlich mit einigen wellenförmigen Querbinden auf dem Rücken. Die Jungtiere sind beim Schlupf graugrün, und ihr Schwanz weist eine Bänderung auf. Er ist mit großen, stark gekielten Wirtelschuppen besetzt. Die Männchen besitzen einen bis zu 15 mm hohen Rückenkamm.

Pflege: Die Pflege sollte paarweise in geräumigen mit zahlreichen Versteckplätzen ausgestatteten Terrarien erfolgen.

28–30 °C | *45 °C* | *Tag* | *>100 cm* | *A* | *Typ VII, halbfeucht bis trocken*

Europäischer Nacktfingergecko

Cyrtopodion kotschyi

Verbreitung und Lebensraum: Das Verbreitungsgebiet der verschiedenen Unterarten erstreckt sich von Süditalien bis nach Israel. Sie sind an keinen speziellen Lebensraum gebunden und daher sowohl an Felsen als auch an Bäumen und in Kulturlandschaften anzutreffen.

Aussehen: Die Grundfärbung variiert von hell- bis dunkelgrau mit mehreren schwarzen Querbinden. Große Tuberkelschuppen bilden auf dem Oberkörper mehrere Längsreihen.

Pflege: Eine Winterruhe von mindestens 8 Wochen bei einer Temperatur unter 10 °C ist die unerlässliche Voraussetzung für eine erfolgreiche Nachzucht. Im Anschluss daran paaren sich die Geckos, und die Weibchen legen ihre zwei hartschalige Eier unter Steinen ab.

25–32 °C	*nein*	*Nacht*	*>10 cm*	*A*	*Typ III, feucht*

Wüstenleguan

Dipsosaurus dorsalis

Verbreitung und Lebensraum: Man findet diese Leguane vom Südwesten der USA bis nach Nordmexiko, und zwar in wüstenhaften Regionen. Diese Lebensräume können mit dichtem Gestrüpp bewachsen sein. Die Echsen legen unter Sträuchern oder Steinen ihre Wohnhöhlen an.

Aussehen: Die Leguane besitzen bei fast rundem Körperquerschnitt einen schlanken Habitus. Ein kleiner Rückenkamm zieht sich vom Nacken bis zum Schwanzende. Die Körperoberseite ist zumeist graubraun mit helleren Flecken, der Bauch hingegen hellgrau. Über den Schwanz ziehen sich dunkle Punktreihen, die eine Art Querbänderung entstehen lassen.

Pflege: Diese Art sollte stets paarweise gepflegt werden.

28–30 °C	45 °C	*Tag*	>30 cm	B	*Typ V oder VI, trocken*

Krokodilteju

Dracaena guianensis

Verbreitung und Lebensraum: Diese Tiere bewohnen im tropischen Südamerika überwiegend Sumpfgebiete mit dichter Vegetation. Sie sind überwiegend Bodenbewohner, die sich aber sehr gerne im Wasser aufhalten.

Aussehen: Die oliv- bis dunkelgrüne Färbung geht zum Kopf hin häufig in rote bis rotbraune Töne über. Auf dem Rücken befinden sich große, gekielte Plattenschuppen, auf dem Schwanz hingegen zwei erhöhte Schuppenreihen, die denen von Krokodilen ähneln.

Pflege: Diese Nahrungsspezialisten ernähren sich von Gehäuseschnecken, die stets in ausreichender Menge vorhanden sein müssen. Eine paarweise Haltung gestaltet sich genau so problemlos wie die eines Männchens mit mehreren Weibchen.

25–30 °C	*nein*	*Tag*	*>120 cm*	*C*	*Typ II, feucht*

Plattschwänzchen

Egernia depressa

Verbreitung und Lebensraum: Westaustralien. Es handelt sich um halbtrockene bis trockene Busch- und Waldgebiete die mit Felsen durchsetzt sind. Dort leben die Echsen in Felsspalten und unter Felsüberhängen.

Aussehen: Seinen deutschen Namen verdankt der Stachelskink den an Stacheln erinnernden, abstehenden, sich auf Rücken und Schwanz befindlichen Schuppen. Die Grundfärbung reicht von braun bis rotbraun, oft mit braunen unregelmäßigen Flecken durchsetzt.

Pflege: Es handelt sich bei dieser Art um sehr scheue Tiere. Einmal im Jahr bringen die Weibchen 2 bis 3 fertig entwickelte Jungtiere zur Welt. Neben allerlei Insekten wird auch Obst, Salat und Hundefutter gefressen.

25–28 °C | *40 °C* | *Tag* | *>15 cm* | *A* | *Typ IV, trocken*

Leopardgecko

Eublepharis macularius

Verbreitung und Lebensraum: Von Afghanistan bis nach Nordost-Indien. Es sind überwiegend Wüsten bis Halbwüsten mit einem festen Untergrund, die sie bewohnen. Reine Sandwüsten werden dabei gemieden. Sie graben zum Teil tiefe Gänge in den Boden.

Aussehen: Eine genaue Beschreibung fällt sehr schwer, da viele Zuchtformen nicht annähernd der Wildform entsprechen. Es sind Lidgeckos die überwiegend auf gelben Grund jede Menge dunkle Punke besitzen.

Pflege: Ein Männchen sollte mit mehreren Weibchen gepflegt werden. Die Weibchen vergraben ihre zwei weichschaligen Eier im feuchten Sand. Bei einer Zeitigungstemperatur von 28 °C schlüpfen die Jungen nach 45–53 Tagen.

28–35 °C | *nein* | *Nacht* | *>25 cm* | *A* | *Typ VI, trocken*

Regenwald-Wasserskink

Eulamprus tigrinus

Verbreitung und Lebensraum: Bisher ist diese Art nur in einem kleinen Gebiet im Nordosten Australiens gefunden worden. Die Skinke sind typische Bewohner des tropischen Regenwaldes, leben in Baumhöhlen und halten sich während des Tages hauptsächlich an den Stämmen auf.

Aussehen: Die Tiere zeigen den typischen walzenförmigen Körperbau, wobei Flanken und Bauchseite hellbeige sind. Von der Schnauze bis zum Schwanzende ist der Oberkörper hellbraun abgesetzt. Schwarze Flecken können Querbinden bilden, aber auch auf die Flanken beschränkt bleiben.

Pflege: In geräumigen Terrarien, deren Seitenwände mit Rindenabschwarten verkleidet sind, bereitet die paarweise Haltung keine Probleme.

22–28 °C | 35 °C | *Tag* | *>16 cm* | *A* | *Typ I, feucht*

Bauers Chamäleongecko

Eurydactylodes agricolae

Verbreitung und Lebensraum: Die Art kommt nur im Norden von Neukaledonien vor. Hier leben sie in niedrigen Büschen überwiegend in Galeriewäldern.

Aussehen: Die Grundfärbung ist ein Hellbeige bis Dunkelgrau, mit einer angedeuteten dunklen Querbänderung über den Körper und den Schwanz. Im Schwanz befinden sich Drüsen, die bei Gefahr ein übel riechendes Sekret absondern.

Pflege: Eine paarweise Haltung ist sinnvoll. Die Terrarien sollten nicht zu groß gewählt werden. Die Weibchen vergraben ihre zwei weichschaligen Eier im feuchten Boden. Hierbei hat sich ein bepflanzter Blumentopf bestens bewährt. Eine Korkröhre hochkant ins Terrarium gestellt, gibt den Geckos die nötige Sicherheit.

25–28 °C	nein	Nacht	>10 cm	A	Typ II, feucht

Teppichchamäleon

Furcifer lateralis

Verbreitung und Lebensraum: Das Verbreitungsgebiet dieser Chamäleons erstreckt sich über weite Teile Madagaskars. Man findet die Tiere im Regen- und im Trockenwald, aber auch in feuchten Grassavannen.
Aussehen: Auffälligstes Merkmal dieser Spezies ist die Zeichnung, der sie ihren deutschen Namen „Teppichchamäleon" verdankt. Typisch für das Muster sind der Lateralstreifen, der immer gut sichtbar ausgeprägt ist, und die Seitenflecken. Die Grundfarbe der Chamäleons kann grau, braun oder grün ausfallen, doch die Seitenflecken und -streifen heben sich davon farblich immer etwas ab.
Pflege: Es handelt sich um eine robuste und aggressive Art, die unbedingt einzeln gehalten werden muss.

23–26 °C	40 °C	Tag	>22 cm	A	Typ III, halbfeucht

Pantherchamäleon

Furcifer pardalis

Verbreitung und Lebensraum: Nord- und Ostmadagaskar sowie die Gegend um Fort-Dauphin, verschleppt auch auf Mauritius und Réunion. Auffallend ist, dass die Tiere ausschließlich Küstengebiete mit feuchtheißem Klima besiedeln.

Aussehen: Die Schnauzenoberseite ist durch große Schuppen seitlich und vorn deutlich erweitert. Innerhalb des großen Verbreitungsgebietes haben sich viele äußerst unterschiedliche Farbvarianten herausgebildet. Am häufigsten gehalten werden Tiere von Nosy Bé.

Pflege: Eine sehr lebhafte und aggressive Chamäleonart, die man stets einzeln pflegen sollte. Sie pflanzt sich durch Eier fort, die etwa bei 28 °C in leicht feuchtem Vermiculite gezeitigt werden müssen.

25–30 °C | *40 °C* | *Tag* | *>38 cm* | *A* | *Typ I oder II, halbfeucht*

Kanareneidechse

Gallotia stehlini

Verbreitung und Lebensraum: Die Art ist ein Endemit von Gran Canaria, wo sie bis in Höhen von fast 2000 m vorkommt. Interessanterweise bewohnt sie alle Habitate mit Ausnahme der vegetationslosen Dünen von Maspalomas. Die Tiere verbergen sich in Legesteinmauern, Felsspalten und unter Steinen.

Aussehen: Die Eidechsen weisen einen robusten, kräftigen Körperbau mit deutlich abgesetztem, dreieckigem Kopf auf. Ihre Oberseite ist rot- bis dunkelbraun. Oftmals zeigen sie auch unregelmäßige dunkle Querbänder. Kehle und Wangenbereiche prangen in orange- bis fleischfarbenen Tönen.

Pflege: Man kann die Tiere in geräumigen Terrarien paarweise pflegen. Sie sind wahre Allesfresser.

25–28 °C	*40 °C*	*Tag*	*>40 cm*	*A und B*	*Typ IV oder V, trocken*

Leopardleguan

Gambelia wislizenii

Verbreitung und Lebensraum: Das Verbreitungsgebiet dieser Leguane erstreckt sich über den Südwesten der USA. Dort leben sie in trockenen Gebieten oft mit sandigem Untergrund. Vereinzelte Büsche und Felsformationen werden gerne als Deckung aufgesucht.

Aussehen: Die kräftigen Tiere sind dank ihrer Fleckenzeichnung dem Untergrund hervorragend angepasst. Ihre Grundfärbung besteht aus hellgrauen bis braunen Tönen mit unterschiedlich großen Flecken, die sich bis auf den Schwanz ziehen können.

Pflege: Das Terrarium sollte in seinen Maßen der Größe und Lebhaftigkeit dieser Tiere entsprechen. Felsaufbauten mit einigen hohl liegenden Steinen dienen den Tieren als Versteckplätze.

Tokee

Gekko gecko

Verbreitung und Lebensraum: Vom Nordosten Indiens bis zum Indoaustralischen Archipel reicht das Verbreitungsgebiet dieser Art. Ursprünglich typische Baumbewohner der tropischen Wälder, haben sie sich auch veränderten Umweltbedingungen sehr gut anpassen können.
Aussehen: Die graue Grundfärbung ist mit kleinen braunen bis roten Punkten übersät.
Pflege: Die Geckos bilden zum Teil größere Familienverbände, in denen nach Erreichen der Geschlechtsreife nur die weiblichen Nachkommen geduldet werden. Die Männchen bekämpfen einander, wobei es sogar zu ernsthaften Verletzungen kommen kann. Die Weibchen kleben ihre großen Eier gut versteckt an eine Unterlage an und wehren Eindringlinge ab.

25–32 °C	*nein*	*Nacht*	*>35 cm*	*A*	*Typ III, feucht*

Südseegecko

Gehyra oceanica

Verbreitung und Lebensraum: Die Art hat im gesamten pazifischen Raum ein riesiges Verbreitungsgebiet. Man findet sie im Wald an Bäumen, Palmen und als Kulturfolger auch an den Hütten der Einheimischen.

Aussehen: Sie sind meist einfarbig hellbraun mit einigen hellen Punkten. In der Nacht erscheinen sie wesentlich dunkler als am Tage.

Pflege: Die Art kann paarweise oder auch in Gruppen von einem Männchen mit mehreren Weibchen gepflegt werden. Die beiden hartschaligen Eier werden von den Weibchen in sicheren Verstecken abgelegt. Bei einer Temperatur unter 28 °C benötigen die Jungen mehr als 100 Tage bis zum Schlupf. Sie können bis zur Geschlechtsreife gemeinsam aufgezogen werden.

25–32 °C · *nein* · *Nacht* · *>15 cm* · *A* · *Typ III, feucht*

Riesenschildechse

Gerrhosaurus major

Verbreitung und Lebensraum: Es handelt sich um eine bodenbewohnende Schildechse, deren riesiges Verbreitungsgebiet von Ost- bis Südostafrika reicht. Die Tiere sind an keinen speziellen Lebensraum gebunden und graben im Boden teils meterlange Gänge.

Aussehen: Die Echsen besitzen einen walzenförmigen Körper. Ihre Grundfärbung variiert von hellbraun bis schokoladenbraun. Die in Querreihen angeordneten Schuppen verleihen den Schildechsen ihr charakteristisches Aussehen.

Pflege: Die Haltung eines Paares oder eines Männchens mit mehreren Weibchen ist bei ausreichender Größe des Terrariums problemlos möglich. Die bis zu 4 weichschaligen Eier werden im feuchten Boden vergraben.

28–35 °C | *45 °C* | *Tag* | *>50 cm* | *A* | *Typ III, feucht*

Laurents Winkelkopfagame

Gonocephalus chamaeleontinus

Verbreitung und Lebensraum: Diese Agamen sind auf Sumatra, Java und Malaysia beheimatet. Es handelt sich um reine Regenwaldbewohner, die sich immer in der Nähe von Bachläufen aufhalten. Dort sitzen sie überwiegend im unteren Stammbereich der Bäume, von wo sie allerlei Insekten und Würmer am Boden erbeuten.

Aussehen: Charakteristisch für diese Art sind ihre hochgezogenen Brauenbögen, die spitzwinklig am Hinterkopf enden. Der Kamm ist im Nackenbereich deutlich höher als auf dem Rücken. Das Farbkleid setzt sich aus verschiedenen Grün-, Gelb- und Brauntönen zusammen.

Pflege: Es handelt sich um sehr ruhige Agamen, die manchmal stundenlang an einem Platz verweilen können.

23–28 °C	*nein*	*Tag*	*> 40 cm*	*A*	*Typ I, feucht*

Große Winkelkopfagame

Gonocephalus grandis

Verbreitung und Lebensraum: Von Südthailand bis nach Borneo zieht sich das Verbreitungsgebiet. Es sind reine Regenwaldbewohner, die immer in der Nähe von Fließgewässern gefunden wurden. Hier leben sie sowohl an Bäumen als auch an Felsen. Sie können sehr gut schwimmen und tauchen.

Aussehen: Nur die Männchen haben einen Nacken- und Rückenkamm und eine grüne Grundfärbung. Weibchen sind auf der Oberseite braun bis fast schwarz mit hellen Flecken oder Querbändern. Die Flanken sind häufig blau gefärbt.

Pflege: Die Tiere lassen sich nur paarweise oder einzeln halten. Das Weibchen legt gewöhnlich 2–4 Eier, selten mehr. Bei Temperaturen um 23 °C schlüpfen die Jungen nach 75–85 Tagen.

23–28 °C | *nein* | *Tag* | *>50 cm* | *A* | *Typ I, feucht*

Gila-Krustenechse

Heloderma suspectum

Verbreitung und Lebensraum: Die Art ist vom Nordwesten Mexikos bis in die angrenzenden Bundesstaaten der USA verbreitet. Obwohl sie trockene Lebensräume bevorzugt, trifft man sie in reinen Wüstengebieten eher selten an. Es handelt sich um Bodenbewohner, die durchaus auch in feuchteren Regionen vorkommen.

Aussehen: Gila-Echsen besitzen einen gedrungenen Körper, einen drehrunden „Fettschwanz“ und einen abgeflachten Kopf. Ihre großen Tuberkelschuppen sind wie kleine Perlen über den gesamten Körper verstreut. Die rosa Grundfärbung wird von schwarzen Flecken und Streifen unterbrochen.

Pflege: Vorsicht bei der Pflege: die paarweise zu pflegenden Echsen sind hochgiftig!

25–28 °C | *45 °C* | *Tag* | *>60 cm* | *A und C* | *Typ V, halbtrocken*

Gewöhnlicher Halbfingergecko

Hemidactylus frenatus

Verbreitung und Lebensraum: Diese Geckos sind Kosmopoliten, welche fast die ganze Welt bewohnen – man trifft die Art in nahezu allen Hafenstädten der Tropen an. Die Tiere leben sowohl in natürlichen Habitaten als auch an den Häusern der Großstädte. Hier jagen sie nach allerlei Insekten, die bei Nacht von den Lichtquellen der Häuser angelockt werden.

Aussehen: Über die grau- bis beigebraune Grundfärbung sind unterschiedlich geformte Flecken und Striche verstreut.

Pflege: Die Männchen verhalten sich sehr streitsüchtig, fügen einander aber nur selten ernsthafte Verletzungen zu. Die Weibchen kleben ihre zwei hartschaligen Eier in sicheren Verstecken an eine geeignete Unterlage.

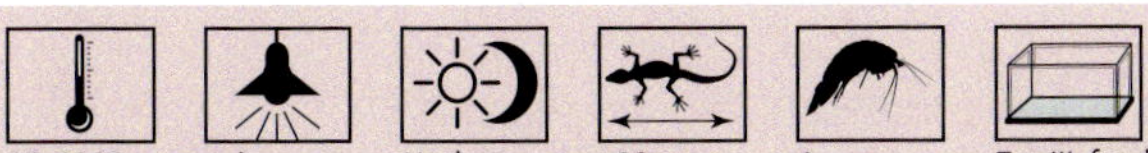

25–28 °C | *nein* | *Nacht* | *>10 cm* | *A* | *Typ III, feucht*

Europäischer Halbfingergecko

Hemidactylus turcicus

Verbreitung und Lebensraum: Die Art hat im Mittelmeerraum ein weites Verbreitungsgebiet. Darüber hinaus ist sie in die USA und einige Länder Südamerikas eingeschleppt worden. Sie bevorzugen trockene Gebiete und leben an Steinmauern, Bäumen und als Kulturfolger in Gärten und Häusern.

Aussehen: Auf dunkelbraunem bis beigebraunen Grund befinden sich viele kleine weiße Tuberkelschuppen.

Pflege: Die Art kann frei in einem Terrarienzimmer gehalten werden. Eine Winterruhe von 6–8 Wochen sollte auf jeden Fall eingehalten werden. Im Terrarium hält man sie paarweise oder in kleinen Gruppen von einem Männchen mit zwei Weibchen. Die Weibchen verstecken ihre zwei Eier häufig in Bodennähe.

25–28 °C | *nein* | *Nacht* | *>10 cm* | *A* | *Typ III, halbfeucht*

Gewöhnlicher Halbblattfingergecko

Hemiphyllodactylus typus

Verbreitung und Lebensraum: Der größte Teil des ausgedehnten Verbreitungsgebiets liegt in Asien. Sie kommen aber auch in Ozeanien, im Norden von Australien und auf einigen Inseln des Indischen Ozeans vor. Sie leben an Bäumen, in Büschen und auch an den Hütten der Einheimischen. Sie sind aber keine ausgesprochenen Kulturfolger.

Aussehen: Die Grundfärbung variiert von graubraun bis hellbraun. Winzige helle Punkte sind über den gesamten Körper verstreut. Der Schwanz ist häufig beige bis gelb abgesetzt.

Pflege: Die Art ist ein idealer Pflegling im gut bepflanzten Regenwaldterrarium. Die Weibchen legen ihre zwei kleinen hartschaligen Eier in Bodenverstecke ab.

25–28 °C | *nein* | *Nacht* | *>10 cm* | *A* | *Typ III, halbtrocken*

Bunte Sägeschwanzeidechse

Holaspis laevis

Verbreitung und Lebensraum: Große Teile West-, Zentral- und Ostafrikas. Die Tiere bewohnen Trocken- und Regenwälder, hauptsächlich in den Randzonen und an lichteren Stellen. Ihr eigentliches Habitat bilden die Baumstämme, wo man die Tiere zumeist an sonnenbeschienenen Flächen in mehreren Metern Höhe entdeckt.

Aussehen: Es handelt sich um Echsen mit einem relativ lang gestreckten, breiten und flachen Körper. Von den Augen bis zum Schwanzansatz verlaufen zwei türkisblaue bis gelbliche Streifen, die sich auf dem Schwanz in eine Reihe türkisblauer Flecken auflösen.

Pflege: Rückwand und Seitenwände sollten mit Rindenabschwarten verkleidet werden, vor die man lose Rindenstücke stellt.

25–28 °C | *40 °C* | *Tag* | *>12 cm* | *A* | *Typ III, halbfeucht*

Segelechse

Hydrosaurus pustulatus

Verbreitung und Lebensraum: Diese Art kommt nur auf den Philippinen vor. Sie leben an stark bewachsen Ufern von Gewässern, die das ganze Jahr über Wasser führen. Sie können hervorragend tauchen und lange Zeit unter Wasser bleiben.

Aussehen: Auf der Oberseite überwiegen grau bis braune Farbtöne mit einer hellen Sprenkelung und einzelnen Punkten. Ein Hautsegel auf dem Schwanz ist bei den Männchen höher als bei den Weibchen.

Pflege: Ein großes Paludarium mit einem tiefen Wasserbecken ist Voraussetzung für die Haltung. Die Weibchen vergraben ihre 4–10 Eier im feuchten Boden. Bei einer Zeitigungstemperatur von 28–31 °C benötigen die Jungen 70 Tage bis zum Schlupf.

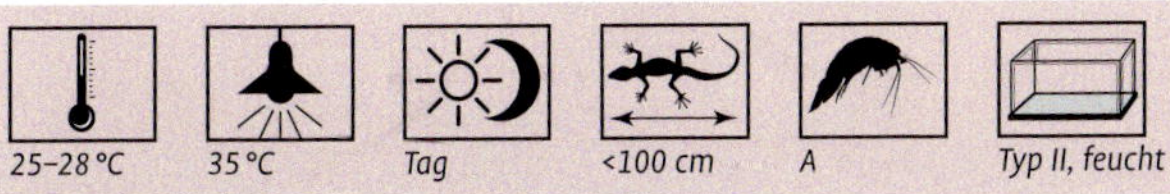

Australische Winkelkopfagame

Hypsilurus boydii

Verbreitung und Lebensraum: Diese Art ist im Nordosten Australiens endemisch. Hier leben die Tiere auf den Bäumen des Regenwaldes. Wie die meisten Agamen bevorzugen sie den Stammbereich bis in etwa 3 m Höhe. Sie flüchten stets – nur auf den Hinterbeinen laufend – über den Boden; dort suchen sie auch nach Insekten und Würmern.

Aussehen: Die Grundfärbung variiert zwischen grau- und rotbraun. Ein Nackenkamm aus großen Stachelschuppen und ein sägeförmiger Rückenkamm sind charakteristische Merkmale dieser Art. Der Kehlsack ist mit zahlreichen Stachelschuppen besetzt.

Pflege: Eine paarweise Haltung ist möglich. Die Weibchen vergraben ihre weichschaligen Eier im feuchten Boden.

25–28 °C | nein | Tag | <45 cm | A | Typ I, feucht

Neuguineische Winkelkopfagame

Hypsilurus dilophus

Verbreitung und Lebensraum: Diese Art lebt auf Neuguinea und verschiedenen vorgelagerten Inseln. Es sind Regenwaldbewohner, die sich immer in der Nähe von Wasser aufhalten. Auf der Flucht sind sie in der Lage auf zwei Beinen zu laufen.

Aussehen: Die Grundfärbung besteht aus verschiedenen Brauntönen. Ein Kamm bestehend aus vier großen Stachelschuppen befindet sich auf dem Hinterkopf. Dieser hat keine Verbindung zu dem hohen Kamm auf dem Rücken, der sich bis auf den Schwanz hinzieht.

Pflege: In einem großen Regenwaldterrarium oder Paludarium ist eine paarweise Haltung möglich. Die Weibchen vergraben ihre zwei Eier im feuchten Boden. Über eine erfolgreiche Zucht ist nichts bekannt.

25–28 °C *nein* *Tag* *>55 cm* *A* *Typ I oder II, feucht*

Grüner Leguan

Iguana iguana

Verbreitung und Lebensraum: Die Art bewohnt Teile Mittelamerikas und den Norden von Südamerika. Der Grüne Leguan ist ein typischer Baumbewohner der Tieflandregenwälder. Das lokale Klima ist konstant heiß und feucht mit ausgeprägter Regen- und Trockenzeit.

Aussehen: Unter der Schnauze tragen die Tiere einen Schuppenkamm, der in einen großen, häutigen Kehlsack übergeht. Der Rückenkamm, welcher bei männlichen Tieren höher als bei weiblichen ausfällt, endet auf dem ersten Schwanzdrittel. Die hellgrüne Färbung der Jungtiere geht im Alter zu Graugrün über.

Pflege: Eine Terrariengröße von 4 m^2 (bei 2 m Höhe) sollte bei Haltung eines Paares nicht unterschritten werden.

Smaragdeidechse

Lacerta viridis

Verbreitung und Lebensraum: Das Verbreitungsgebiet der Smaragdeidechse erstreckt sich von Ostdeutschland bis nach Griechenland. In Deutschland gibt es zwei Arten, die östliche *Lacerta viridis* und die westliche *Lacerta bilineata*. Die Tiere leben auf Trockenwiesen und -hängen, in Weinbergen und an Bahndämmen.

Aussehen: Es handelte sich um eine große, kräftig gebaute Art. Die meist leuchtend grün gefärbte Oberseite weist zahlreiche unregelmäßige schwarze Punkte auf. Weibchen können allerdings einfarbig braun bis grün sein, während bei den Männchen Kehle und Hals häufig hellblau sind.

Pflege: Es handelt sich um einen idealen Pflegling für ein Freilandterrarium.

25–28 °C	*40 °C*	*Tag*	*>35 cm*	*A*	*Typ III oder V, feucht*

Wirtelschwanzagame

Laudakia stellio

Verbreitung und Lebensraum: Das Verbreitungsgebiet des Harduns oder Schleuderschwanzes reicht von Südosteuropa bis weit nach Asien hinein. Es handelt sich überwiegend um Kulturfolger, die bevorzugt an Gebäuden, Ruinen, Legesteinmauern, Felsen und Geröllhalden vorkommen.

Aussehen: Hardune sind sehr kompakt gebaute, kräftige Tiere, die meist eine schmutzige Tarntracht aufweisen. Besonders schön gefärbt ist die Unterart *Laudakia stellio picea*, die auf dunklem – fast schwarzem – Grund gelbe und orange Punkte und Flecken besitzt.

Pflege: Ein Männchen kann zusammen mit mehreren Weibchen gepflegt werden. Eine 6–8 wöchige Winterruhe von 10–15 °C sollte man auf jeden Fall einhalten.

26–32 °C	45 °C	*Tag*	*>35 cm*	*A*	*Typ IV oder V, trocken*

Maskenleguan

Leiocephalus personatus

Verbreitung und Lebensraum: Die Art bewohnt nahezu das gesamte unmittelbare Hinterland der Küsten von Hispaniola. Sie besiedelt dabei offene und sandige Flächen mit schütterer Vegetation.

Aussehen: Der deutsche Name „Maskenleguan" bezieht sich auf den schwarzen Streifen, der von der Schnauzenspitze bis hinter die Augen verläuft und den Eindruck einer Maske erweckt. Die Männchen sind wesentlich bunter als die Weibchen gefärbt: ihr Rücken ist meistens braun, und an den Flanken befinden sich auf beige bis gelblichem Untergrund blaue Flecken und rote Streifenmuster.

Pflege: Diese Leguane sollten stets paarweise oder in Gruppen aus einem Männchen und zwei Weibchen gepflegt werden.

28–30 °C	45 °C	Tag	>20 cm	A	Typ III, halbfeucht

Schreibers Glattkopfleguan

Leiocephalus schreibersi

Verbreitung und Lebensraum: Die Leguane bewohnen auf Hispaniola trockene bis wüstenhafte Gebiete.

Aussehen: Ein kurzer Rückenkamm zieht sich vom Hinterkopf bis zum Schwanzende, und über die Flanken verläuft eine deutlich ausgeprägte Hautfalte. Die Grundfärbung ist hellbraun auf der Oberseite und graublau auf der Unterseite. Über die Flanken verstreute rote und weiße Punkte bilden mehrere Querbinden, die sich bis über den Bauch erstrecken. Die Männchen besitzen eine bläuliche Kehle sowie vergrößerte Postanalschuppen.

Pflege: Die Leguane lassen sich nur paarweise und in geräumigen Terrarien pflegen. Voraussetzung für die erfolgreiche Zucht ist eine kühlere Ruhephase.

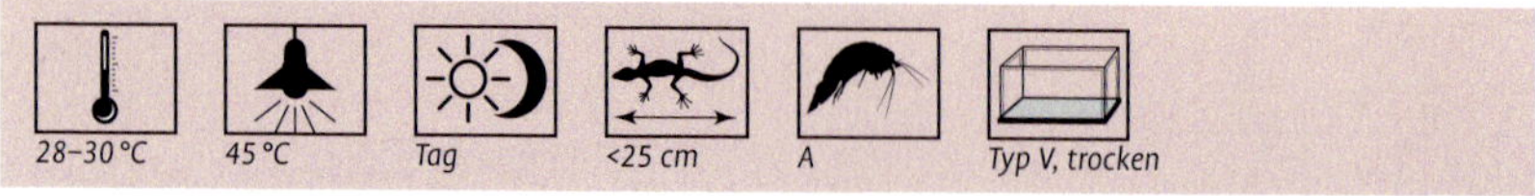

Schmetterlingsagame

Leiolepis belliana

Verbreitung und Lebensraum: Nordosten Thailands bis zur Malaysischen Halbinsel. Die Tiere lieben offene Flächen mit spärlichem Bewuchs. Sie graben lange, tiefe Gänge, die oft mehrere Ein- und Ausgänge besitzen.

Aussehen: Hellbraun bis Beige mit einigen gelben Flecken und Längsstreifen auf dem Oberkörper. An den Flanken finden sich rote und schwarze Querstreifen.

Pflege: Das Terrarium sollte eine höhere Sandschicht aufweisen. Ein Männchen lässt sich gemeinsam mit mehreren Weibchen pflegen. Wir konnten beobachten, wie Jungtiere mit den Eltern in den gleichen Löchern verschwanden und hervor kamen. Bei Haltung eines Paares lassen sie sich gemeinsam mit den Alttieren aufziehen.

28–35 °C	*45 °C*	*Tag*	*<45 cm*	*A*	*Typ III, trocken*

Krokodil-Nachtechse

Lepidophyma flavimaculata

Verbreitung und Lebensraum: Von Panama bis Nordostmexiko reicht das Verbreitungsgebiet dieser Nachtechsen. Die Tiere leben am Boden feuchter Waldgebiete. Dort verstecken sie sich tagsüber bevorzugt unter vermodertem Holz oder in der Laubschicht.

Aussehen: Die Art besitzt einen gedrungenen Körperbau. Ihre Grundfärbung variiert von hellen bis zu recht dunklen Brauntönen, über die – namentlich an den Flanken – zahlreiche gelbe Flecken von unregelmäßiger Form verstreut sind. Auch die Unterseite zeigt ein helles Gelb.

Pflege: Es handelt sich um sehr scheue Terrarienbewohner, die während des Tages ihr Versteck nur manchmal zur Fütterung verlassen. Die Weibchen gebären lebende Jungtiere.

25–30 °C	*nein*	*Nacht*	*<20 cm*	*A*	*Typ I, feucht*

Spitzkopf-Flossenfuß

Lialis burtonis

Verbreitung und Lebensraum: Dieser stattliche Flossenfuß ist als einziger Vertreter dieser Echsengruppe sowohl in Australien als auch in Neuguinea zuhause. Es handelt sich um einen Bodenbewohner, der keinen speziellen Lebensraum bevorzugt.

Aussehen: Die Färbung der beinlosen Echsen kann von hellbeige bis dunkelgrau variieren. Es gibt sowohl einfarbige Exemplare als auch gefleckte oder gestreifte. Markant wirkt der Kopf mit seiner spitz zulaufenden Schnauze.

Pflege: Obwohl die Art in freier Natur sehr häufig vorkommt, gelangt sie nur selten in unsere Terrarien. Die Tiere benötigen Terrarien mit großer Grundfläche. In der Natur ernähren sich die Tiere bevorzugt von kleineren Echsen.

25–32 °C | *nein* | *Nacht* | *>50 cm* | *A* | *Typ VI, trocken*

Lyrakopfagame

Lyriocephalus scutatus

Verbreitung und Lebensraum: Die meisten Fundberichte beziehen sich auf den Singaraya Forest (Sri Lanka). Die Art ist für die genannte Insel endemisch und meist im unteren Stammbereich dicker Bäume anzutreffen. Von hier suchen die Tiere den Boden nach Regenwürmern ab, die ihr Hauptfutter bilden.

Aussehen: Kennzeichnende Merkmale sind die dicke, fleischige „Knollennase" und die spitz auslaufenden Augenbrauenbögen. Die Männchen besitzen eine gelbe, die Weibchen hingegen eine rote Kehle.

Pflege: Ein Männchen kann in einem großen Regenwaldterrarium zusammen mit mehreren Weibchen gepflegt werden. Die Weibchen vergraben ihre bis zu 16 Eier im feuchten Bodengrund.

25–28 °C | *nein* | *Tag* | *<35 cm* | *Regenwürmer, Insekten* | *Typ Regenwaldterrarium, feucht*

Vielstreifenskink

Mabuya multifasciata

Verbreitung und Lebensraum: Das Verbreitungsgebiet dieses Skinks erstreckt sich fast über das gesamte tropische Asien. Es handelt sich um einen Bodenbewohner, der jedoch auch hervorragend klettern kann. Bevorzugt werden feuchte Lebensräume besiedelt.

Aussehen: Die Art besitzt einen walzenförmigen Körper. Der gesamte Oberkörper ist in verschiedenen Abstufungen braun gefärbt; über die Flanken verlaufen helle, manchmal auch rote Lateralstreifen. Die gesamte Unterseite ist zumeist hellbeige.

Pflege: Die Haltung eines Männchens mit mehreren Weibchen ist möglich. Etwa drei Monate nach der Paarung bringt das Weibchen bis zu sechs lebende Jungtiere zur Welt.

24–28 °C	*35 °C*	*Tag*	*>30 cm*	*A*	*Typ III, halbfeucht*

Feuerskink

Mochlus fernandi

Verbreitung und Lebensraum: Das Verbreitungsgebiet dieses Skinks erstreckt sich von Westafrika bis Uganda. Dabei bevorzugen die Tiere feuchte Lebensräume wie Wälder und Feuchtsavannen. Den größten Teil des Tages verbringen sie als Bodenbewohner im Erdreich verborgen.

Aussehen: Die Skinke zeigen einen walzenförmigen Körperbau und eine attraktive Färbung. Ihr Rücken ist meist gelb- bis rotbraun mit unregelmäßigen schwarzen Flecken. Die Flanken hingegen tragen rote, schwarze und weiße Flecken bzw. Streifen.

Pflege: Im Terrarium sehr gut bewährt hat sich ein Bodengrund aus Orchideenerde, der mit Moosplatten, dünnen Steinplatten, Kork- oder Rindenstücken und Laub bedeckt wird.

25–28 °C	*40 °C*	*Tag/Nacht*	*>35 cm*	*A*	*Typ I, feucht*

Madagaskarleguan

Oplurus grandidieri

Verbreitung und Lebensraum: Isolierte Gebiete im Süden von Zentralmadagaskar. Das Klima zeichnet sich durch starke Temperaturschwankungen und geringe Niederschläge aus. Als Vegetation findet man dort eine Art Busch- bzw. Grassavanne vor – seltener hingegen Trockenwald –, aus der sich immer wieder wie Inselberge kahle Felsen erheben, welche den eigentlichen Lebensraum dieser Leguanart bilden.

Aussehen: Die Grundfärbung besteht zumeist aus einem dunklen Grauton. Auffälligstes Element des Farbkleides ist ein breiter, hellblauer Aalstrich, der sich an den Rändern auflöst und bis auf den Schwanz fortsetzt.

Pflege: *Oplurus grandidieri* ist eine sehr lebhafte, hektische Leguanart.

25–30 °C	*45 °C*	*Tag*	*>35 cm*	*A*	*Typ IV, trocken*

Goldstaub-Taggecko

Phelsuma laticauda

Verbreitung und Lebensraum: Diese Taggeckos bewohnen Nordwestmadagaskar, die Komoren und die südlichen Seychellen. Sie bevorzugen keinen speziellen Lebensraum und sitzen tagsüber stundenlang in der Sonne.

Aussehen: Der deutsche Name „Goldstaub-Taggecko" weist bereits auf die vielen kleinen, golden schimmernden Punkte im Nackenbereich hin. Die Grundfärbung variiert von gelbgrün bis blau, und im hinteren Rückenreich finden sich rote Flecken unterschiedlicher Form und Größe.

Pflege: Die Tiere können sehr streitsüchtig sein. Je nach Terrariengröße kann man ein Paar oder eine Gruppe aus einem Männchen und mehreren Weibchen halten. Die Weibchen legen hartschalige Doppeleier.

28–32 °C	40 °C	Tag	<15 cm	A und B	Typ III, halbtrocken

Madagaskar-Taggecko

Phelsuma madagascariensis

Verbreitung und Lebensraum: Alle Unterarten des Madagaskar-Taggeckos kommen ausschließlich auf der Hauptinsel vor; die hier genannte ist dabei auf den feuchteren Ostteil beschränkt. Es handelt sich um Baumbewohner, die aber auch an Palmen und Bananenstauden sowie an den Hütten der Einheimischen leben.

Aussehen: Ihre Grundfärbung ist grün; hinzukommen zahlreiche kleine rotbraune Punkte auf dem Rücken.

Pflege: Eine paarweise Haltung ist angebracht. Die Männchen sind sehr streitbar und fügen einander ernsthafte, bisweilen sogar tödliche Verletzungen zu. Ein Weibchen kann pro Jahr bis zu sechs Gelege absetzen. Die beiden hartschaligen Eier werden gut versteckt abgelegt.

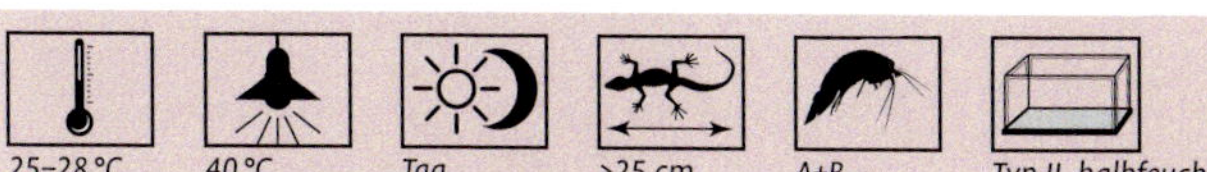

Augenfleck-Taggecko

Phelsuma quadriocellata

Verbreitung und Lebensraum: Heute findet man diese Geckos häufiger in Kulturlandschaften als in ihrem ursprünglichen Lebensraum, vor allem in den Bananenplantagen an der Ostküste Madagaskars. Sie bewohnen aber auch Bäume, Palmen, Bambus und andere größere glattrindige Pflanzen.

Aussehen: Die Augenflecken hinter den Vorderbeinansätzen verleihen diesen Geckos ihr typisches Aussehen. Zur grünen Grundfärbung tritt auf dem Rücken ein rotes Fleckenmuster.

Pflege: Männchen vertragen sich untereinander absolut nicht, aber auch Weibchen sind bisweilen sehr streitsüchtig. Die hartschaligen Doppeleier werden frei abgelegt. Bei 28 °C schlüpfen die Jungen nach etwa 40–50 Tagen.

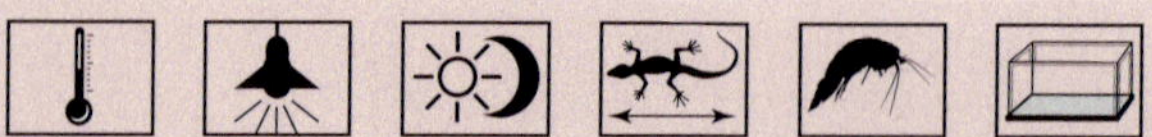

Rundschwanz-Krötenechse

Phrynosoma modestum

Verbreitung und Lebensraum: Südwesten der USA bis nach Mexiko. Dort bewohnt die Art Wüsten und Halbwüsten, in denen die Temperaturen im Sommer bis über 40 °C steigen können. Der Untergrund ist steinig mit schütterem Bewuchs.

Aussehen: Die Tiere besitzen einen fast kreisrunden, stark abgeplatteten Körper. Ihre sehr variable Färbung setzt sich aus grauen, gelben bis braunen und sogar rötlichen Tönen zusammen und dient im natürlichen Lebensraum als perfekte Tarnung.

Pflege: Die Pflege erweist sich als recht aufwendig, ist jedoch in Terrarien mit einer großen Grundfläche und bei Imitation der klimatischen Verhältnisse möglich. Die Art benötigt als Hauptfutter Ameisen!

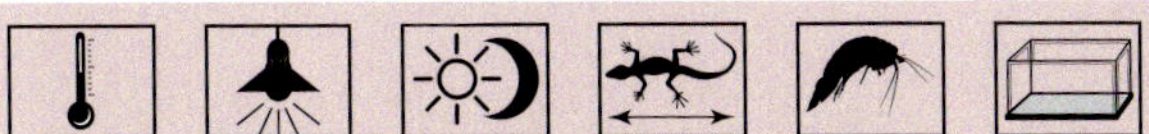

Grüne Wasseragame

Physignathus concincinus

Verbreitung und Lebensraum: Südchina bis Thailand. Die Tiere sind sehr stark ans Wasser gebunden und leben daher ausschließlich in den Uferzonen von Gewässern. In der Nacht schlafen sie häufig auf Ästen über dem Wasser, von wo sie sich bei Gefahr sofort in die Fluten stürzen.

Aussehen: Die Färbung besteht aus verschiedenen Grüntönen, die im Alter immer dunkler werden. Männchen haben höhere Nackenkämme als die Weibchen.

Pflege: Es kommt nur ein großes Paludarium mit einem tiefen Wasserteil in Frage. Die Art sollte paarweise gepflegt werden, wobei sich in Großterrarien auch ein Männchen mit mehreren Weibchen unterbringen lässt. Die Weibchen vergraben bis zu 16 Eier im feuchten Boden.

25–30 °C | *35 °C* | *Tag* | *>100cm* | *A* | *Typ II, feucht*

Australische Wasseragame

Physignathus lesueurii

Verbreitung und Lebensraum: Neuguinea und die Ostküste Australiens sind die Heimat dieser Echsen. Wie die zuvor behandelte Art leben auch diese Tiere nur am Wasser, doch findet man sie genauso häufig an Felsen bei Wasserfällen oder an Bäumen. Ihre Lebensweise ähnelt jener der obigen. Im Südosten des Kontinents legen die Tiere bei Temperaturen um den Gefrierpunkt eine Winterruhe ein.

Aussehen: Über die hell- bis dunkelgraue Grundfärbung sind schwarze Flecken und Striche verteilt. Die Männchen besitzen – je nach Population – unterschiedlich gefärbte Kehlen. Der Bauch kann dunkelrot sein.

Pflege: Am besten hält man in einem großen Paludarium ein Männchen mit mehreren Weibchen.

25–30 °C | *35 °C* | *Tag* | *>120 cm* | *A* | *Typ II, feucht*

Kleine Plattgürtelechse

Platysaurus guttatus

Verbreitung und Lebensraum: Diese Plattechsen sind reine Felsbewohner, die man in den Trockengebieten Südafrikas an Felsen und im Geröll antrifft; in der Savanne bewohnen sie die isolierten Granitfelsen. Dank ihres stark abgeflachten Körperbaus finden die Echsen noch in den schmalsten Ritzen und Spalten Unterschlupf.

Aussehen: Der Körper ist stark abgeplattet, der lange Schwanz mit kleinen, dornigen Schuppen besetzt. Die Männchen zeigen auf grünem Grund eine sehr variable schwarze Fleckenzeichnung. Bei einigen sind Kopf und vordere Körperhälfte stahlblau. Die Weibchen tragen meist ein braunes Farbkleid.

Pflege: Diese Art kann man paarweise in geräumigen Terrarien pflegen.

25–28 °C	*40 °C*	*Tag*	*>20 cm*	*A*	*Typ IV, trocken*

Stelzenläuferleguan

Plica plica

Verbreitung und Lebensraum: Nördliches Südamerika. Die Tiere sind reine Baumbewohner, die sich bis in eine Höhe von 15 m an den senkrechten, bewuchsfreien Stämmen der Urwaldriesen aufhalten (überwiegend im Schattenbereich).

Aussehen: Der Körper ist stark abgeflacht, im Nacken sowie am Hals befinden sich stachelartige Hautfortsätze. Ein kleiner Kamm zieht sich vom Nacken bis zum Schwanz. Am Hals weisen die Tiere Hautfalten auf, die sich bei Erregung zu einem kleinen, stacheligen Saum aufrichten. Grundfarbe ist ein schmutziges Grün mit dunklen Flecken, die am Hals zu einem Band verschmelzen können.

Pflege: Die Tiere sollten nur paarweise gehalten werden.

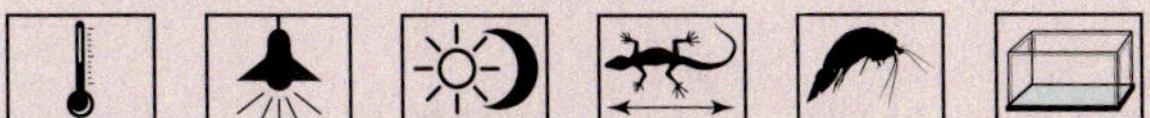

25–28 °C | *35 °C* | *Tag* | *>40 cm* | *A* | *Typ II, feucht*

Streifenköpfige Bartagame

Pogona vitticeps

Verbreitung und Lebensraum: Diese Bartagamenart ist von Zentralaustralien südlich bis in den Nordwesten von Victorias verbreitet. Sie bewohnt sowohl lichte Wälder als auch Felsen in Wüstengebieten. Die genannten Habitate sind nur spärlich bewachsen, verwandeln sich aber nach den kräftigen Regenfällen des australischen Frühjahrs in blühende Landschaften.

Aussehen: Die Grundfärbung ist hellbeige bis gelb. Die Unterseite und der Bart können sich bei den Männchen während des Imponierverhaltens schwarz färben. Mittlerweile werden auch Tiere mit einem starken Rotanteil gezüchtet.

Pflege: Ideal wäre die Haltung einer Gruppe aus einem Männchen und mehreren Weibchen.

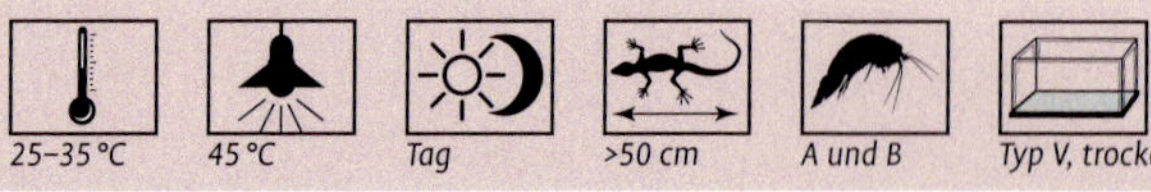

Sinaiagame

Pseudotrapelus sinaitus

Verbreitung und Lebensraum: Diese Agamen bewohnen ein weites Verbreitungsgebiet auf der Arabischen Halbinsel. In Wüsten und Halbwüsten sieht man sie überwiegend an größeren Steinen und an Felsen sitzen. Bei der kleinsten Beunruhigung flüchten die Tiere unter Steine oder in Erdhöhlen. Das Tag-Nachtgefälle der Temperaturen ist in ihrem Lebensraum sehr stark.

Aussehen: Der Oberkörper ist hellgrau bis graubraun gefärbt, je nach Untergrund des Lebensraums. Der vordere Bereich, der Kopf und die Vorderfüße können bei den Männchen leuchtend blau gefärbt sein.

Pflege: Die Art sollte paarweise gepflegt werden. Im Winter machen die Tiere eine mehrwöchige Ruhephase durch.

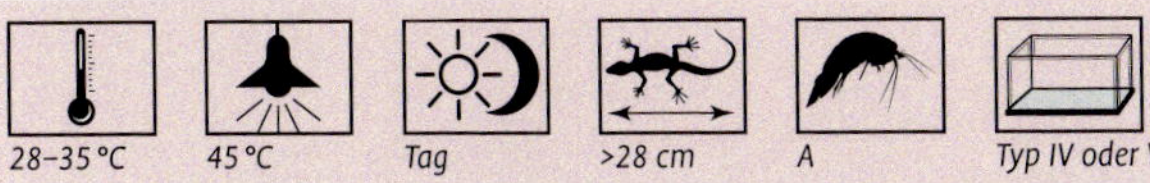

Faltengecko

Ptychozoon kuhli

Verbreitung und Lebensraum: Faltengeckos sind von den Nikobaren über Thailand bis nach Borneo verbreitet. Es handelt sich um Baumbewohner der tropischen Regenwälder.

Aussehen: Der abgeflachte Körper besitzt an den Seiten Hautfalten, die den Geckos durch Anschmiegen an den Untergrund eine perfekte Tarnung verschaffen. Die borkenartige Zeichnung tut ein Übriges. Das Schwanzende ist bei dieser Art glatt und nicht bis zum Ende gezackt.

Pflege: Eine paarweise Haltung bereitet keine Probleme. Die Männchen drohen einander durch Hochstellen des Körpers und wellenförmige Bewegungen des Schwanzes. Überwiegend bleibt es beim Drohen, und nur selten kommt es zu Beißereien.

25–30 °C | *nein* | *Nacht* | *<20 cm* | *A* | *Typ I, feucht*

Neukaledonischer Greifschwanzgecko

Rhacodactylus trachyrhynchus

Verbreitung und Lebensraum: Neukaledonien (etwa vom Zentrum der Hauptinsel bis zum Süden) und einige vorgelagerte Inseln bilden das Verbreitungsgebiet dieser Nachtgeckos. Es sind Baumbewohner der Restregenwälder.

Aussehen: Die Grundfärbung variiert von oliv- bis gelbgrün, mit kleinen weißen Punkten auf dem Körper. Der fleischige Schwanz ist als Greiforgan ausgebildet und wird beim Klettern aktiv eingesetzt.

Pflege: Diese Art sollte nur paarweise gehalten werden. In der Natur scheinen die Geckos feste Partnerbindungen einzugehen. Die Art ist lebendgebärend und bringt in Baumhöhlen 1–2 Jungtiere zur Welt. Jene werden einige Zeit vom Muttertier verteidigt.

20–28 °C	*nein*	*Nacht*	*>30 cm*	*A und B*	*Typ I oder III, feucht*

Tansania-Stummelschwanzchamäleon

Rhampholeon brevicaudatus

Verbreitung und Lebensraum: Ostafrika, Usambara und Uluguru Berge. Dort findet man die Tiere vor allem in den nur noch in Resten vorhandenen primären Regen- und Bergwäldern, und zwar in Höhenlagen etwa zwischen 300 und 900 m. Sie leben vor allem in der unteren Strauchschicht des Waldes.

Aussehen: Die Art ähnelt mit dem recht kurzen Schwanz und dem recht hohen, seitlich stark zusammengedrückten Körper äußerlich sehr stark einem vertrockneten Blatt. Besonders auffallend sind die beiden großen, an der Kehle befindlichen Hautlappen, welche diese Art von allen anderen unterscheidet.

Pflege: Es handelt sich um eine recht verträgliche Art, die paarweise im Terrarium gepflegt werden kann.

22–26 °C | *nein* | *Tag* | *>7 cm* | *A* | *Typ I, feucht*

Somalia-Stummelschwanzchamäleon

Rhampholeon kerstenii

Verbreitung und Lebensraum: Küstenregion Ostafrikas von Somalia über Kenia bis nach Tansania. Die Chamäleons leben im immergrünen Küstenwald und dessen Randgebieten, in der Baumsavanne und sogar im Kulturland, wo man sie aber nur an geschützten Stellen unter Bäumen und in ähnlichen feuchteren Habitaten findet.

Aussehen: Die Tiere haben einen abgeflachten, länglichen Körper. Ihre normale Färbung setzt sich aus verschiedenen Brauntönen zusammen. Eine Streifenzeichnung bilden die Chamäleons nur bei Erregung aus. Besonders auffällig wirken die hornartig verlängerten Augenbrauenkanten.

Pflege: Diese Art kann leicht im Regenwaldterrarium gepflegt werden.

23–26 °C | *nein* | *Tag* | *>9 cm* | *A* | *Typ I oder III, feucht*

Stacheliges Stummelschwanzchamäleon

Rhampholeon spinosum

Verbreitung und Lebensraum: Dieses Chamäleon bewohnt die Usambara-Berge Ostafrikas in Höhenlagen oberhalb 800 m. Es handelt sich um einen reinen Waldbewohner, der vorwiegend auf Bäumen lebt, und zwar bis hoch in die Baumkronen hinauf.

Aussehen: Kennzeichnend für die Art ist ihr seitlich zusammengedrückter, ei- oder scheibenförmiger Schnauzenfortsatz, der vorne abgerundet ist. Die Färbung besteht aus verschiedenen Grau-, Grün- und Brauntönen; eher selten finden sich auch bläuliche, gelbe oder andere Nuancen.

Pflege: Aufgrund der niedrigen Haltungstemperaturen, die bei dieser Art erforderlich sind, können die Terrarien nur in kühlen Räumen Aufstellung finden.

18–22 °C	*30 °C*	*Tag*	*>16 cm*	*A*	*Typ I oder III, feucht*

Chuckwalla

Sauromalus obesus

Verbreitung und Lebensraum: Man findet die Chuckwallas vom Südwesten der USA bis nach West-Mexiko in wüstenhaften Regionen, meist auf großen Felsformationen, von denen aus sie das angrenzende Areal gut einsehen können.

Aussehen: Auffällig ist vor allem der plumpe Körperbau mit den ausgeprägten Hautfalten an den Flanken und im Nacken. Die Färbung fällt überaus variabel aus: von dunkel- über rotbraun bis zu gelblichen Tönen. Die Männchen sind im vorderen Körperbereich dunkel, im hinteren jedoch zunehmend kräftiger rot oder gelb gefärbt. Weibliche Tiere tragen auf braunem Grund angedeutete dunkle Querbinden.

Pflege: Ideal ist bei diesen Leguanen eine paarweise Haltung.

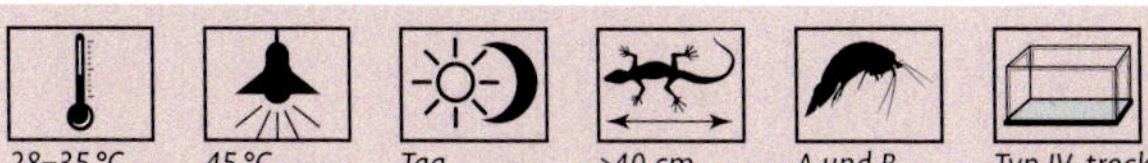

Malachit-Stachelleguan

Sceloporus malachiticus

Verbreitung und Lebensraum: Große Teile Mittelamerikas. Die Tiere leben an Nadelbäumen (bis zu einer Höhe von ca. 10 m), aber auch an Felsen, Zäunen und Legesteinmauern. Alle genannten Lebensräume liegen in Gebieten mit ständigen nebelartigen Niederschlägen und erstrecken sich teilweise bis in Höhenlagen um 3000 m.

Aussehen: Die Männchen sind auf der Körperoberseite smaragdgrün gefärbt. Am Hals tragen sie beiderseits einen schwarzen Fleck, während die Kehle türkis ist. Die meist hellgrauen bis rötlichbraunen Weibchen weisen eine dunklere Fleckenzeichnung auf, doch auch bei ihnen kann ein leichter Anflug von Grün auftreten.

Pflege: Die Haltung erfolgt paarweise.

22–28 °C | *35 °C* | *Tag* | *<25 cm* | *A* | *Typ III oder IV, halbfeucht*

Östlicher Sandskink

Scincus mitranus

Verbreitung und Lebensraum: Saudi-Arabien und die Vereinigten Arabischen Emirate. Es handelt sich um einen Bewohner von freien Sandflächen und Dünenzonen in der Wüste und ihren Randgebieten. Die heißen Tagesstunden verbringen die Tiere im Sand verborgen.

Aussehen: Der stromlinienförmige Körper besitzt eine äußerst glatte Beschuppung, die den Tieren das Eingraben erleichtert. Die Oberseite ist sandfarben bis gelb und bisweilen orange. Über die Flanken verlaufen helle Linien, die in einzelne Punkte aufgelöst sein können.

Pflege: Die Art braucht eine ca. 15 cm hohe Substratschicht aus gut durchgespültem, staubfreiem Flusssand, in der sich die Tiere jederzeit verbergen können.

25–28 °C	40 °C	*Tag*	*>22 cm*	*A*	*Typ VI, trocken*

Krokodilschwanz-Höckerechse

Shinisaurus crocodilurus

Verbreitung und Lebensraum: Südchina. Hier leben die Echsen im Uferbereich von schwach fließenden oder stehenden Gewässern. Sie sind gewandte Schwimmer und können lange Zeit unter Wasser ausharren.
Aussehen: Die Weibchen sind beigebraun mit dunklen Flecken und Strichen, während die Männchen einen höheren Rotanteil aufweisen.
Pflege: Krokodilschwanz-Höckerechsen benötigen ein geräumiges Wasserbecken mit üppiger Randbepflanzung. Die Gruppenhaltung (ein Männchen mit mehreren Weibchen) gestaltet sich in größeren Terrarien problemlos. Zur Paarung kommt es im Anschluss an die Winterruhe, worauf Weibchen nach einer Tragezeit von 8–9 Monaten bis zu 15 Jungtiere gebären.

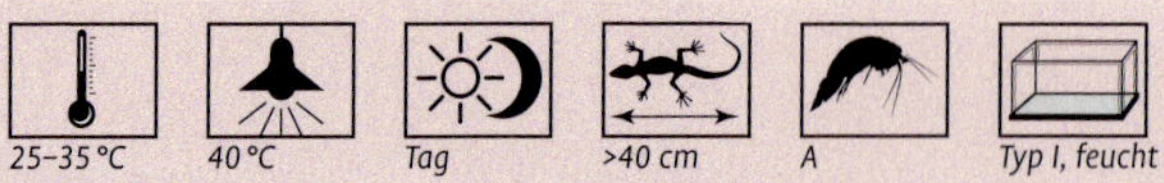

Sechsstreifen-Langschwanzeidechse

Takydromus sexlineatus

Verbreitung und Lebensraum: Der Lebensraum dieser Eidechse umfasst Südchina, Hinterindien (Vietnam), Malaysia und Indonesien. Es handelt sich um einen reinen Bodenbewohner, der offene Graslandschaften bevorzugt.

Aussehen: Die Art besitzt einen sehr lang gestreckten und extrem schlanken Körper mit kurzen, zierlichen Gliedmaßen. Von der Gesamtlänge (bis zu 36 cm) entfallen 30 cm auf den Schwanz. Die Oberseite ist braun bis olivgrün und trägt eine Zeichnung aus hellen Längsstreifen.

Pflege: Man kann diese Echsen ohne weiteres paarweise in geräumigen Terrarien pflegen, deren Bepflanzung möglichst aus grasartigen Gewächsen bestehen sollte. Als Versteckplätze eignen sich dünne Korkröhren.

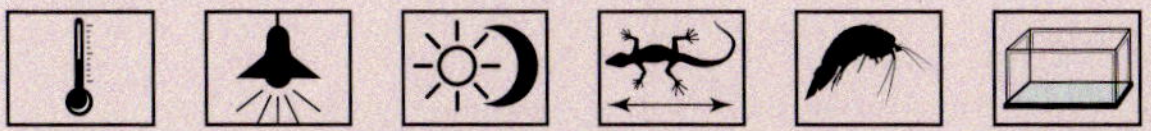

25–28 °C	35 °C	Tag	>35 cm	A	Typ III, halbfeucht

Kleiner Wundergecko

Teratoscincus microlepis

Verbreitung und Lebensraum: Man findet diese Art von Iran bis Pakistan, wo sie überwiegend Halbwüsten mit spärlichem Bewuchs bewohnt. Den Tag verschlafen die Bodengeckos in selbstgegrabenen Höhlen, die häufig erst in den feuchteren Bodenschichten enden.

Aussehen: Die Tiere zeigen auf gelblichbraunem Grund ein dunkles Wellenmuster, während die Bauchseite hell gefärbt ist.

Pflege: Ein Männchen lässt sich problemlos zusammen mit mehreren Weibchen halten. Zur Zucht benötigen die Geckos lokal Temperaturen von 35–40 °C. Die Weibchen vergraben ihre zwei hartschaligen Eier im lockeren Sandboden. Für die Entwicklung der Embryonen sind Zeitigungstemperaturen über 30 °C erforderlich.

25–40 °C | *nein* | *Nacht* | *>10 cm* | *A* | *Typ VI, trocken*

Rübenschwanzgecko

Thecadactylus rapicauda

Verbreitung und Lebensraum: Diese Art ist von Mittelamerika bis in den Norden von Südamerika und auf einigen Karibikinseln anzutreffen. Es handelt sich um Baumbewohner, denen man aber auch sehr häufig in Kulturlandschaften und Gärten begegnet.

Aussehen: Die Grundfärbung variiert von dunkel- bis hellbraun mit verschiedenen Zeichnungselementen. Dabei sind die Tiere dem jeweiligen Untergrund angepasst.

Pflege: Man sollte die Geckos nur paarweise pflegen: wir konnten unter Weibchen auch Streitigkeiten beobachten. Jene vergraben ihre zwei hartschaligen Eier unter Laub oder im lockeren Boden. Jungtiere, die im Terrarium geschlüpft waren, wurden von den Eltern nicht behelligt.

25–30 °C | *nein* | *Nacht* | *<20 cm* | *A* | *Typ I, feucht*

Vielstreifen-Blauzungenskink

Tiliqua multifasciata

Verbreitung und Lebensraum: West- und Nordaustraliens. Es handelt sich um Bodenbewohner in trockenen bis mäßig feuchten Habitaten. Häufig sind diese Gebiete mit Felsformationen durchsetzt.

Aussehen: Die Art besitzt einen sehr kräftigen, abgeflachten walzenförmigen Körper mit relativ kurzem Schwanz und geradezu winzigen Beinen. Der große, dreieckige Kopf ist deutlich vom Rumpf abgesetzt. Die Färbung variiert von grau bis cremegelb, darüber ziehen sich 9–12 recht breite gelbbraune bis orangerote Querbinden. Wird so ein Skink bedroht, reißt er sein Maul weit auf und streckt die blaue Zunge heraus.

Pflege: Die Spezies kann in Terrarien mit sehr großer Grundfläche gepflegt werden.

25–28 °C	*40 °C*	*Tag*	*>45 cm*	*A und B*	*Typ V oder VI, trocken*

Tannenzapfenechse

Tiliqua rugosa

Verbreitung und Lebensraum: Das Verbreitungsgebiet der Tannenzapfenechse umfasst weite Teile Australiens, Tasmanien, Neuguinea und einige indonesische Inseln. Die Tiere sind reine Bodenbewohner, die in ausgesprochen trockenen Regionen leben.

Aussehen: Aufgrund seiner großen Schuppen und des walzenförmigen Körpers ähnelt dieser Skink einem Tannenzapfen (daher auch sein deutscher Name). Die recht variable Grundfärbung deckt das gesamte Spektrum zwischen braun und schwarz ab; darüber sind häufig helle Flecken verstreut.

Pflege: Man kann die Art in geräumigen Terrarien paarweise pflegen. Für eine erfolgreiche Zucht müssen die Tiere unbedingt eine Winterruhe einlegen.

25–28 °C	*40 °C*	*Tag*	*>35 cm*	*A und B*	*Typ V oder VI, trocken*

Orangenaugen-Helmskink

Tribolonotus gracilis

Verbreitung und Lebensraum: Irian Jaya, Papua-Neuguinea, Admiralty Islands und Karkar. Man findet sie im Regenwald und an den Rändern von Kokosplantagen am Boden in und unter morschen Baumstämmen.

Aussehen: Das „Buschkrokodil" besitzt einen kräftigen, stark gepanzerten Körper. Der Rücken ist mit 4 Reihen großer Stachelschuppen besetzt, die sich bis auf den Schwanz hinziehen. Grundfarbe ist ein dunkles Braun, das sich an den Flanken leicht aufhellt.

Pflege: Man kann diese Art nur einzeln oder paarweise halten. Der Behälter wird als Regenwaldterrarium mit einer ca. 10 cm hohen, stets feuchten Bodenfüllung eingerichtet. Ein Wasserbecken muss ebenfalls vorhanden sein.

25–28 °C | *35 °C* | *Tag und Nacht* | *<20 cm* | *A* | *Typ I, feucht*

Goldteju

Tupinambis teguixin

Verbreitung und Lebensraum: Nördliches Südamerika. Die Art ist an keinen speziellen Lebensraum gebunden, und kommt von trockenen Halbwüsten bis in den Regenwald vor. Sie leben überwiegend am Boden, können aber auch klettern und ausgezeichnet schwimmen.

Aussehen: Es sind sehr kompakte Echsen mit kräftigen Extremitäten und spitzen Krallen. Die dunkle Grundfärbung wird von hellen Querbinden unterbrochen.

Pflege: In großen Terrarien können die Tiere paarweise gehalten werden. Die Echsen neigen dazu, sehr schnell zu verfetten, deshalb sollte man sie auch nur mäßig füttern. Die Weibchen vergraben ihre bis zu 30 Eier umfassenden Gelege im feuchten Bodengrund.

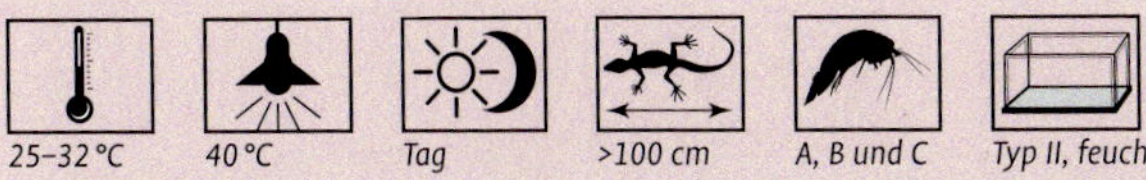

Dickschwanzgecko

Underwoodisaurus milii

Verbreitung und Lebensraum: Mit Ausnahme des äußersten Nordens und des äußersten Südens ist diese Art in ganz Australien beheimatet. Es sind Krallengeckos die am Boden und sehr häufig auch in felsigen Gebieten zu finden sind.

Aussehen: Es gibt verschieden Varianten die im Aussehen variieren. Die rotbraune Grundfärbung wird von hellen Punkten, die eine Querbänderung erkennen lassen, unterbrochen.

Pflege: Eine Gruppenhaltung von mehreren Weibchen mit einem Männchen geht problemlos. Die Weibchen vergraben ihre zwei weichschaligen Eier im feuchten Sand. 24 Stunden nach dem Legen sollte die Eier nicht mehr gedreht werden. Bei 28 °C schlüpfen die Jungen nach 60–70 Tagen.

25–32 °C	*nein*	*Nacht*	*<15 cm*	*A*	*Typ V, trocken*

Veränderliche Dornschwanzagame

Uromastyx acanthinura

Verbreitung und Lebensraum: Diese Dornschwanzagame ist im Nordwesten Afrikas weitverbreitet. Sie lebt in steppenhaft-trockenen Sand-, Stein- und Geröllwüsten. Die Echsen legen im Boden tiefe Gänge an, wo sie bei Gefahr Schutz suchen. Während an der Oberfläche extreme Temperaturen von 50–60 °C herrschen, ist das Klima in den Höhlen wesentlich kühler und ausgeglichen.

Aussehen: Die Färbung fällt sehr variabel aus: das Spektrum reicht von grau über grün und gelb bis rot. Schwarze Flecken und Striche verteilen sich über den gesamten Körper.

Pflege: Die Art lässt sich in Gruppen aus einem Männchen und mehreren Weibchen halten. Eine Winterruhe ist dabei sehr zu empfehlen.

28–33 °C	*45 °C*	*Tag*	*>45cm*	*A und B*	*Typ V oder VI, trocken*

Henkels Plattschwanzgecko

Uroplatus henkeli

Verbreitung und Lebensraum: Diese Art kommt im Norden von Madagaskar und auf der vorgelagerten Insel Nosy Bè vor. Es handelt sich um Baumbewohner der Restregenwälder, die sich tagsüber mit ihrem flachen Körper kopfunter fest an den Untergrund anschmiegen.

Aussehen: Die Grundfärbung ist grau- bis dunkelbraun mit unterschiedlichen Zeichnungsmustern. Männchen tragen dabei große Flecken, Weibchen ein feines Sprenkelmuster. Tagsüber passen sich die Geckos optimal dem Untergrund an.

Pflege: Die Geckos lassen sich paarweise oder in Gruppen aus einem Männchen und mehreren Weibchen halten. Die Einrichtung muss zahlreiche senkrechte Stämme als Schlafplätze enthalten.

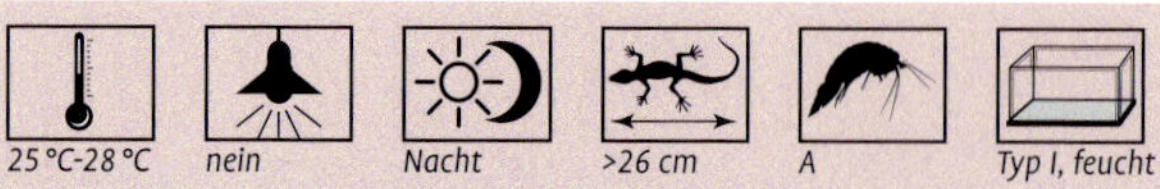

Stachelschwanzwaran

Varanus acanthurus

Verbreitung und Lebensraum: Von Westaustralien bis nach Queensland kommt diese Art in drei Unterarten vor. Etwa die Mitte Australiens bildet die südliche Verbreitungsgrenze. In ihrem großen Verbreitungsgebiet bewohnen sie die Unterschiedlichsten Biotope. Das Klima reicht von feucht bis trocken. Felsige Gebiete werden eindeutig bevorzugt.

Aussehen: Auffallend ist der stark gewirtelte Stachelschwanz, der den Tieren auch ihren deutschen Namen gegeben hat. Der gesamte Oberkörper sowie die Extremitäten sind mit hellen Flecken mit einem dunklen Punkt in der Mitte versehen.

Pflege: Eine Gruppe von einem Männchen mit mehreren Weibchen kann problemlos vergesellschaftet werden.

28–35 °C	45 °C	*Tag*	*>50 cm*	*A*	*Typ IV, trocken*

Steppenwaran

Varanus exanthematicus

Verbreitung und Lebensraum: Das Verbreitungsgebiet erstreckt sich vom Senegal östlich bis in den Sudan hinein. Dieser Waran ist ein Bewohner der Baum- und Grassavannen; in der Nähe von Gewässern scheint er häufiger vorzukommen.

Aussehen: Die Grundfärbung ist graubraun mit hellen Flecken auf dem Oberkörper. Sie haben einen relativ kurzen Schwanz, er ist kürzer als die Kopf-Rumpflänge.

Pflege: Es lassen sich problemlos Gruppen aus einem Männchen und mehreren Weibchen bilden. Eine kühle Phase von 6–8 Wochen mit Temperaturen unter 18 °C wirkt stimulierend auf die Paarung, welche meist unmittelbar danach erfolgt. Die Weibchen vergraben ihre Gelege tief im feuchten Sandboden.

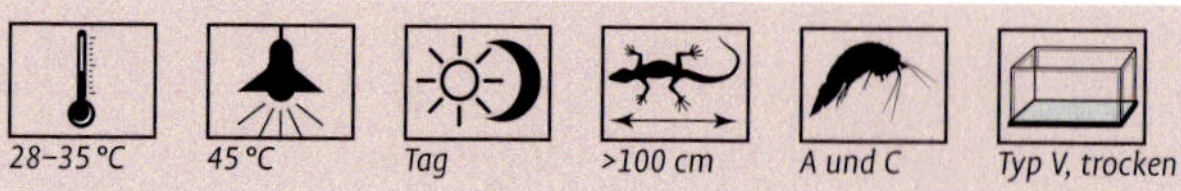

Wüstenwaran

Varanus griseus

Verbreitung und Lebensraum: In ganz Nordafrika und von der Arabischen Halbinsel bis Pakistan und Nordindien sind drei Unterarten zu finden. Die Tiere bewohnen Wüsten, Halbwüsten und Steppen.

Aussehen: Je nach Herkunft der Tiere fallen Größe und Aussehen verschieden aus. Die Grundfärbung variiert dabei von hellgrau bis gelb. Über den Rücken ziehen sich 5–8 dunkle Querbinden.

Pflege: Je nach ihrer Herkunft benötigen die Warane eine Winterruhe von 2–3 Monaten bei etwa 12–15 °C; im Extremfall sind sogar Werte um 10 °C erforderlich. Die Eier werden im feuchten Sandboden vergraben. Bei Zeitigungstemperaturen von 29–31 °C schlüpfen die Jungen nach etwa 120 Tagen.

28–35 °C

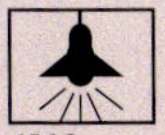
45 °C

Tag

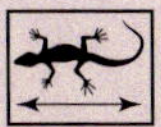
>100 cm

A und C

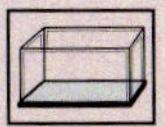
Typ VI, trocken

Pazifikwaran

Varanus indicus

Verbreitung und Lebensraum: In Nordaustralien, Neuguinea sowie auf Celebes und verschiedenen Südseeinseln ist diese Art verbreitet. Sehr gerne halten sich diese Warane in den Mangrovensümpfen der Küstenbereiche auf. Sie leben aber auch im Regenwald in der Nähe von Gewässern. Hier liegen sie gerne auf den Ästen über dem Wasser, in das sie bei Gefahr hinein springen.

Aussehen: Die Grundfärbung ist dunkelbraun bis schwarz mit dicht nebeneinander stehenden gelben Punkten.

Pflege: Eine paarweise Haltung ist möglich. Für die Eiablage benutzen die Weibchen sehr gerne große Nistkästen, die mit etwas feuchter Erde halb gefüllt werden. Es werden mehrere Gelege in einem Jahr produziert.

25–30 °C | *nein* | *Tag* | *>130 cm* | *A und C* | *Typ II, feucht*

Smaragdwaran

Varanus prasinus

Verbreitung und Lebensraum: Die Art kommt auf Neuguinea und auf einigen vorgelagerten Inseln vor, wo die Tiere in den Kronen des Regenwaldes und der Mangroven zu Hause sind.

Aussehen: Der gesamte Körper – einschließlich des Schwanzes – ist grün gefärbt. Schwarze Flecken und Striche können vorhanden sein. Der überaus bewegliche Greifschwanz erreicht häufig die doppelte Kopf-Rumpflänge.

Pflege: Eine paarweise Haltung ist möglich, aber dann muss man dem Weibchen einige Rückzugsmöglichkeiten schaffen; der Einsatz einer Trennwand macht dabei durchaus Sinn. Zur Eiablage wird häufig ein großer Nistkasten voll feuchter Erde benutzt. Ein Gelege besteht in aller Regel aus 3–5 Eiern.

25–28 °C	*nein*	*Tag*	*>80 cm*	*A*	*Typ II, feucht*

Rauhnackenwaran

Varanus rudicollis

Verbreitung und Lebensraum: Südostasien. Dieser Regenwaldbewohner lebt überwiegend im Kronenbereich der Urwaldbäume, kommt aber auch in den Mangrovensümpfen der Küstenregionen vor. Die Tiere gehen auch sehr gerne ins Wasser.

Aussehen: Die Grundfärbung ist dunkelgrau bis schwarz. Beige bis gelbe Flecken und eine Querbänderung können vorhanden sein. Im Nackenbereich befinden sich vergrößerte Schuppenreihen, die den Tieren ihren deutschen Namen eingebracht haben.

Pflege: Sinnvoll ist eine paarweise Haltung mit reichlichen Versteckmöglichkeiten und einem Nistkasten für die Eiablage. Die Weibchen vergraben ihre Gelege in der Natur wahrscheinlich in Baumhöhlen oder vermoderndem Holz.

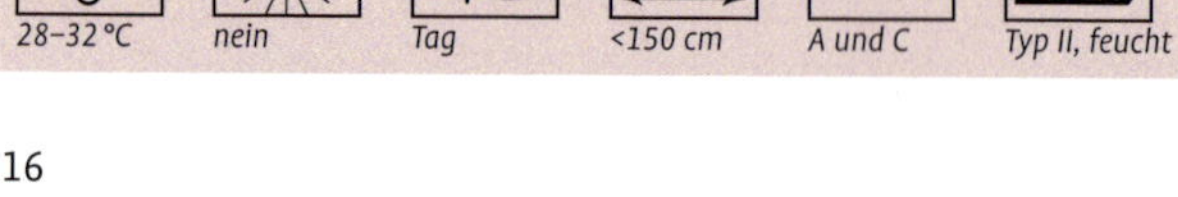

Granit-Nachtechse

Xantusia henshawi

Verbreitung und Lebensraum: Die Granit-Nachtechse kommt von Südkalifornien bis Mexiko vor. Sie lebt in steinigen Wüsten und Halbwüsten, und zwar stets in der Nähe größer Felsansammlungen. Den Tag verschlafen die Tiere in Felsspalten oder unter großen hohlliegenden Steinplatten.

Aussehen: Auf grauem Grund sind große, schwarze Kreisflecken verstreut, die sich am Schwanz zu Querbinden zusammenschließen.

Pflege: Nachtechsen benötigen einige Versteckmöglichkeiten, die ihnen das nötige Sicherheitsgefühl geben. Ein künstlicher Felsenaufbau, verbunden mit einem Heizstein, wäre dafür ideal. Die Tiere lassen sich paarweise halten. Die Art ist lebendgebärend.

25–32 °C	*nein*	*Nacht*	*<15 cm*	*A*	*Typ IV, trocken*

Taylors Bieberschwanzagame

Xenagama taylori

Verbreitung und Lebensraum: Somalia und Äthiopien. Es handelt sich um Bodenbewohner, die man in trockenen, wüstenhaften Gebieten mit spärlichem Bewuchs antrifft. Dort graben sie bis zu 120 cm tiefe Höhlen, die sich bis in die feuchten Bodenschichten erstrecken und in die sie sich zum Schlafen und bei Gefahr zurückziehen.

Aussehen: Auffallendstes Merkmal der Art ist ihr am Ansatz tellerartig verbreiterter und sehr stacheliger Schwanz mit dem kurzen freien Ende. Farblich sind diese Agamen dem Untergrund ihres Lebensraumes sehr gut angepasst. Die Männchen weisen teilweise am Kopf und an der Brust blaue Töne auf.

Pflege: Die Art sollte einzeln oder paarweise gepflegt werden.

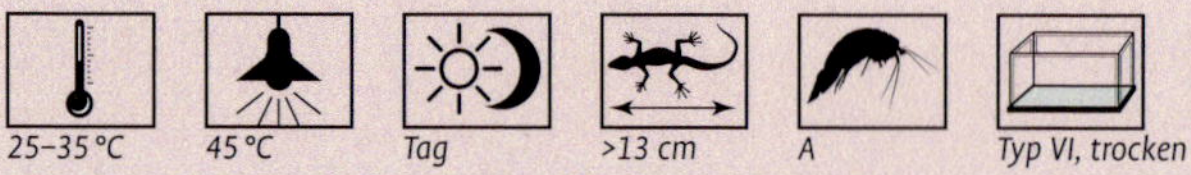

Karstens Ringelschildechse

Zonosaurus karsteni

Verbreitung und Lebensraum: Die Art ist überwiegend im Süden und Südwesten Madagaskars beheimatet. Als Bodenbewohner kommt sie vom Trockenwald bis in die Dornbuschsavanne vor.

Aussehen: Der Rücken ist hellbraun gefärbt. Seitlich verläuft ein heller Streifen, der schwarz eingesäumt ist. Darunter befindet sich eine helle Fleckenzeichnung auf rotbraunem Grund.

Pflege: Eine paarweise Haltung gestaltet sich problemlos. Wenn es zeitweise kühler wird, legen die Echsen eine Ruhephase ein. Im Anschluss daran kommt es zu Paarungen. Die Weibchen vergraben ihre bis zu 4 Eier im Boden. Sie können bis zu 4 Gelege pro Jahr produzieren. Nach etwa 90 Tagen schlüpfen die Jungtiere.

25–30 °C | *35 °C* | *Tag* | *>40 cm* | *A* | *Typ VI, feucht*

Madagaskarboa

Acrantophis madagascariensis

Verbreitung und Lebensraum: Madagaskar. Man findet sie überwiegend in der Laubschicht am Boden feuchterer Waldgebiete. Die Art ist nachtaktiv und verbringt den Tag in hohlen Baumstämmen oder unter morschem Holz.

Aussehen: Die braune Grundfärbung wird an den Seiten von dunkelbraunen bis schwarzen, hell umrandeten Flecken unterbrochen.

Pflege: Diese Schlangen benötigen eine größere Grundfläche, da sie sich gerne auf dem Boden aufhalten. Sie müssen einzeln gepflegt und zur Paarung für kurze Zeit zusammengesetzt werden. Das Weibchen bringt nach einer Tragezeit von 8–9 Monaten eine kleine Anzahl lebender Jungtiere zur Welt. Die Aufzucht ist problemlos.

25–32 °C	nein	Nacht	>300 cm	C	Typ II, feucht

Grüne Peitschennatter

Ahaetulla prasina

Verbreitung und Lebensraum: Das Vorkommen dieser Spezies erstreckt sich von der Malaysischen Halbinsel bis nach Indonesien. Im Regenwald von Borneo ist sie die häufigste Schlangenart. Die Tiere leben auf Büschen, sehr häufig in der Nähe von Gewässern.

Aussehen: Der spitz zulaufende Kopf ist deutlich vom langen, dünnen Körper abgesetzt. Ihre zeichnungslos grüne Färbung verleiht den Schlangen eine hervorragende Tarnung.

Pflege: Die Umstellung der Fütterung von Echsen auf Mäuse gestaltet sich bisweilen etwas schwierig. Da es sich um eine Trugnatter handelt, ist beim Umgang mit dieser Schlange Vorsicht geboten. Bisher sind aber keine schwerwiegenden Unfälle bekannt geworden.

25–30 °C | *nein* | *Tag* | *<200 cm* | *C* | *Typ I, feucht*

Gefleckter Python

Antaresia maculosa

Verbreitung und Lebensraum: Diese Art ist von der Ostküste Australiens bekannt. Hier kommt sie vom feuchten Regenwald bis in halbtrockene Waldgebiete vor. Es handelt sich um einen Bodenbewohner, der nur selten ins Buschwerk emporklimmt.

Aussehen: Auf braunem Grund finden sich vom Kopf bis zum Schwanz schwarze Flecken. Die Schlange wird häufig mit der ihr sehr ähnlichen *Lialis childreni* verwechselt.

Pflege: Die paarweise Haltung bereitet keine Probleme. Eine Ruhephase mit leicht herabgesetzten Temperaturen und etwas niedrigerer Luftfeuchte wirkt sich stimulierend auf die Paarungsbereitschaft aus. Die Weibchen legen bis zu 10 Eier, die sie zwischen ihren Körperwindungen bebrüten.

25–30 °C | *nein* | *Nacht* | *<100 cm* | *C* | *Typ III, feucht*

Schwarzkopfpython

Aspidites melanocephalus

Verbreitung und Lebensraum: Diese Art besiedelt ein riesiges Gebiet im Norden Australiens. Dort leben die Tiere am Boden felsiger Landschaften sowohl im tropischen Regenwald als auch im offenen und trockenen Buschland.

Aussehen: Der Name „Schwarzkopfpython" weist schon auf das Aussehen hin, denn der schwarze Kopf hebt sich deutlich vom cremefarbenen Körper mit seinen braunen Querbinden ab.

Pflege: Die Pflege sollte einzeln erfolgen, nur zur Paarung werden die Geschlechter zusammengesetzt. Für die Eiablage bietet man dem Weibchen eine Schlupfkiste mit mäßig feuchtem Moos an. Bei einer Zeitigungstemperatur von 31,5 °C benötigen die Jungen bis zum Schlupf etwas über 60 Tage.

25–32 °C	*nein*	*Nacht*	*>250 cm*	*C*	*Typ II oder III, feucht*

Usambara-Buschviper

Atheris ceratophora

Verbreitung und Lebensraum: Die Art lebt in Tansania, Ostafrika in den Usambara- und Uluguru-Bergen. Sie bewegen sich auf Bäumen und Sträuchern und verstecken sich in hohl liegenden Baumstümpfen oder liegen im Geäst. Sie können ausgezeichnet klettern und mit ihrem Greifschwanz finden sie sehr guten Halt in den Bäumen. Teilweise sind die Tiere auch am Boden zu finden.

Aussehen: Der dreieckige Kopf setzt sich deutlich vom Körper ab. Die gelbe Grundfärbung weist eine unregelmäßige dunkle Fleckenzeichnung auf.

Pflege: Die Art kann zu mehreren in einem gut strukturierten Terrarium gepflegt werden. Die Giftwirkung ist problematisch, aber selten tödlich. Die Art ist lebendgebärend.

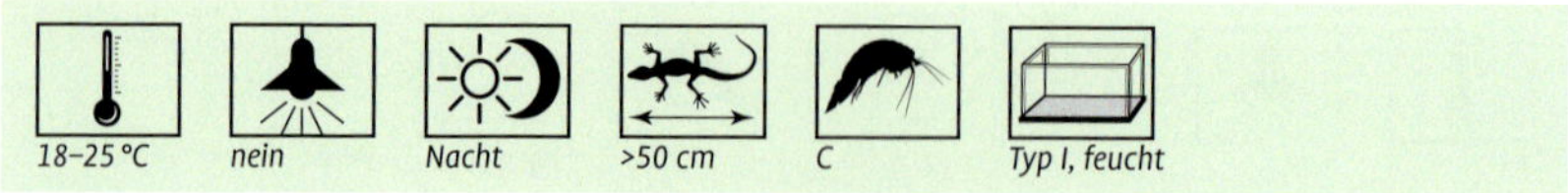

Puffotter

Bitis arietans

Verbreitung und Lebensraum: Ganz Afrika bis nach Arabien. Sie ist ein Bodenbewohner, den man bis in Höhen um 3000 m über NN antrifft.

Aussehen: Der große, breite Schädel setzt sich deutlich vom Körper ab. In Färbung und Aussehen sind diese Schlangen sehr variabel. Mit ihren sehr langen Giftzähnen und dem sehr wirksamen Toxin gehören sie zu den gefährlichsten Vertretern der Schlangenfauna Afrikas. Das Weibchen besitzt einen längeren Schwanz als das Männchen.

Pflege: Die gewöhnlich träge wirkenden Schlangen können blitzschnell zubeißen. Sie sind lebendgebärend: ein großes Weibchen bringt in der Regel 30–50 Junge zur Welt, die bei der Geburt bereits eine Gesamtlänge von 23–25 cm besitzen.

25–30 °C | *nein* | *Nacht* | *>120cm* | *C* | *Typ III, trocken*

Abgottschlange

Boa constrictor

Verbreitung und Lebensraum: Das Verbreitungsgebiet dieser Riesenschlange ist sehr ausgedehnt: es reicht von Nordmexiko bis ins nördliche Argentinien. Die Art bevorzugt keinen bestimmten Lebensraum und kommt vom Tieflandregenwald bis in Höhenlagen um 1500 m vor.
Aussehen: Der dreieckige Kopf ist deutlich vom Körper abgesetzt. Die braune Grundfärbung wird durch unterschiedlich geformte dunkle Flecken mit hellem Rand unterbrochen.

Pflege: Etwa 6 Monate nach der Paarung bringen die Weibchen ihre lebenden Jungen zur Welt. Deren Anzahl hängt von der Größe der Muttertiere ab: es können mehr als 50 sein. Selbst kleine Jungtiere sind in der Lage, kleine Mäuse zu fressen.

25–30 °C | *nein* | *Tag* | *>280 cm* | *C* | *Typ II oder III, feucht*

Mangroven-Nachtbaumnatter

Boiga dendrophila

Verbreitung und Lebensraum: Die verschiedenen Unterarten der Spezies sind von Südthailand bis nach Indonesien und den Philippinen verbreitet. Es handelt sich um Baum- und Buschbewohner, die nur selten den Boden aufsuchen.

Aussehen: Die gelbe Musterung hebt sich sehr wirkungsvoll von der schwarzen Grundfarbe ab und verleiht der Schlange ihr typisches Aussehen.

Pflege: Man sollte die Wirkung des Bisses dieser Trugnattern nicht unterschätzen: er kann zu schweren Vergiftungen führen. Einzelhaltung ist angebracht, da es sonst vorkommen kann, dass eine Schlange die andere auffrisst. Das Weibchen legt etwa 7–10 Eier, aus denen nach mehr als 100 Tagen die Jungtiere schlüpfen.

25–30 °C	*nein*	*Nacht*	*>200 cm*	*C*	*Typ I, feucht*

Greifschwanz-Lanzenotter

Bothriechis schlegelii

Verbreitung und Lebensraum: Diese Lanzenotter kommt von Südmexiko bis Venezuela vor. Sie ist eine Baumbewohnerin, die man überwiegend im feuchten Regenwald antrifft. Die Tiere dringen aber auch immer wieder in Plantagen vor, wo es häufig zu Bissunfällen kommt, die allerdings nur selten tödlich verlaufen.

Aussehen: Die Schlangen zeigen ein sehr breites Farbspektrum – auf gelbem bis grünem Grund finden sich verschiedene Flecken- und Netzmuster. Zwei bis drei deutlich verlängerte Stachelschuppen über den Augen sind charakteristisch für diese Art.

Pflege: Man kann die Schlangen paarweise in geräumigen Regenwaldterrarien pflegen. Das Weibchen kann mehr als 20 lebende Junge gebären.

24–28 °C | *nein* | *Nacht* | *>80 cm* | *C* | *Typ I, feucht*

Rauschuppige Pazifikboa

Candoia carinata

Verbreitung und Lebensraum: Die Art ist im pazifischen Raum weit verbreitet. Sie kommt von Neuguinea bis zu den Santa Cruz Inseln und auf dem Bismarck Archipel vor. Sie hält sich meist in Bäumen und Buschwerk auf, kriecht aber sehr häufig auch über den Borden.

Aussehen: Der dreieckige Kopf setzt sich deutlich vom restlichen Körper ab. Die Färbung reicht von dunkelbraun bis hin zu beigegrau. Auf dem Rücken befinden sich häufig einige größere Flecken.

Pflege: Die Schlangen können in größeren Gruppen gemeinsam gehalten werden. Die Art ist lebendgebärend, und die Weibchen bringen mehr als 20 Junge zur Welt. Die Art kann teilweise sehr aggressiv sein.

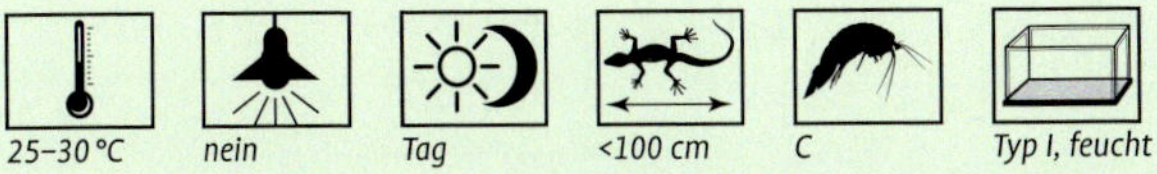

Hornviper

Cerastes gasperettii

Verbreitung und Lebensraum: Die Giftschlangenart kommt von Ägypten (Sinai-Halbinsel) bis Israel (Negev-Wüste) vor. Die Schlangen vergraben sich tagsüber häufig unter größeren Büschen im Sand, suchen aber auch Zuflucht unter Steinen oder in Nagerbauen. In der Nacht schwärmen sie von dort auf Beutezug aus.

Aussehen: Der dreieckige Kopf ist deutlich vom Körper abgesetzt. Farblich sind die Tiere dem Untergrund hervorragend angepasst: je nach Farbe des Sandes können sie cremefarben bis rotbraun ausfallen. Auf dem Rücken finden sich dunkle Flecken, die eine Querbänderung andeuten.

Pflege: Die Schlangen sollten wegen ihrer Gefährlichkeit immer einzeln gepflegt werden.

25–32 °C	*nein*	*Nacht*	*>80 cm*	*C*	*Typ VI, trocken*

Westliche Schaufelnasenschlange

Chionactis occipitalis

Verbreitung und Lebensraum: Südwest-Nevada bis nach Nordwest-Mexiko. Es sind reine Bodenbewohner, die wüstenhafte Sandgebiete bevorzugen. Hier vergraben sie sich tagsüber oder tauchen bei Gefahr blitzschnell im Sand unter.

Aussehen: Der schaufelartige überstehende Oberkiefer weist schon auf eine wühlende Lebensweise hin. Die gelbliche Grundfärbung weist häufig einen rötlichen Schimmer auf. Über den Rücken ziehen sich schwarze, sattelartige Querbinden.

Pflege: Eine paarweise Haltung bereitet keine Probleme. Nach der etwa 4–5 Monate andauernden Winterruhe paaren sich die Schlangen. Im Frühjahr legen die Weibchen im Boden bis zu 9 Eier ab, aus denen die Jungtiere schlüpfen.

25–32 °C, Winterruhe | *nein* | *Nacht* | *>30 cm* | *A* | *Typ VI, trocken*

Grüner Hundskopfschlinger

Corallus caninus

Verbreitung und Lebensraum: Von Ost-Peru und Nord-Bolivien über Brasilien bis nach Guyana ist diese Art anzutreffen. Es handelt sich um Regenwaldbewohner, die sich dank ihres gut entwickelten Greifschwanzes in den Kronen der Bäume hervorragend bewegen können.

Aussehen: Der gesamte Oberkörper ist leuchtend grün gefärbt, der dreieckige Kopf deutlich vom Körper abgesetzt. Die Tiere besitzen sehr lange, nach hinten gekrümmte Fangzähne.

Pflege: Eine gleichbleibend hohe Luftfeuchtigkeit ist bei der Haltung unerlässlich. Leicht herabgesetzte Temperaturen können die Paarungsbereitschaft positiv beeinflussen. Die Weibchen setzen ihre bis zu 6 Jungtiere häufig hoch oben im Geäst ab.

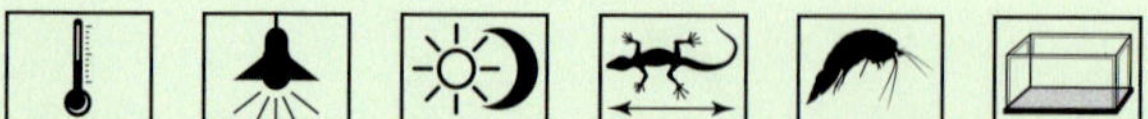

25–35 °C | *nein* | *Nacht* | *>300 cm* | *C* | *Typ II, feucht*

Seitenwinder-Klapperschlange

Crotalus cerastes

Verbreitung und Lebensraum: Die Seitenwinder-Klapperschlange kommt vom Südosten der USA bis Nordwestmexiko vor. Sie ist ein Bodenbewohner, den man überwiegend in wüstenhaften Gebieten antrifft.

Aussehen: Charakteristisch für diese Art sind ihre stark verlängerten Augenbrauenschilde, die wie kleine Hörner wirken. Farblich sind die Tiere stets hervorragend dem jeweiligen Untergrund ihres Lebensraumes angepasst.

Pflege: Die Ernährung kann manchmal Probleme bereiten, da diese Schlangen von Natur aus vorwiegend Echsen fressen und sich bisweilen sehr schwer auf Nager umstellen lassen. Die Art ist lebendgebärend. Trotz ihrer Giftigkeit kommt es nur selten zu Bissunfällen.

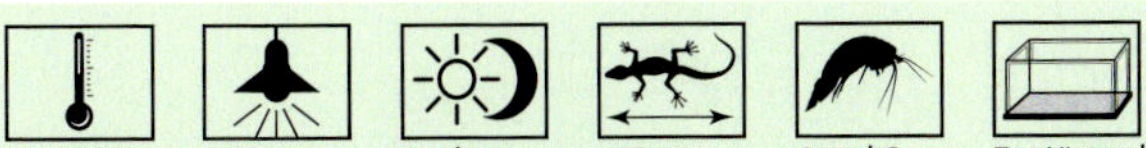

25–32 °C	nein	Nacht	<75 cm	A und C	Typ VI, trocken

Gewöhnliche Eierschlange

Dasypeltis scabra

Verbreitung und Lebensraum: Die Eierschlange kommt im gesamten südafrikanischen Raum vor; im Norden reicht ihr Vorkommen bis in den Sudan und nach Südarabien. Darüber hinaus wurden sie auch in mehreren Staaten Westafrikas und in Marokko gefunden. Die Tiere bewohnen Savannen und lichte Waldgebiete, während reine Wüsten und Regenwälder gemieden werden.

Aussehen: Je nach Verbreitung können die Schlangen grau bis schokoladenbraun gefärbt sein. Es gibt sowohl zeichnungslose als auch gestreifte und stark gefleckte Exemplare.

Pflege: Die Tiere ernähren sich überwiegend von Vogeleiern und benötigen zur Pflege hohe Terrarien mit guten Klettermöglichkeiten.

25–30 °C | *nein* | *Nacht* | *<100 cm* | *Eier* | *Typ III, trocken*

Gestreifte Bronzenatter

Dendrelaphis caudolineatus

Verbreitung und Lebensraum: Die Gestreifte Bronzenatter ist in Südostasien weit verbreitet. Sie kommt im Regenwald genauso häufig vor wie in Sekundärwäldern und Kulturlandschaften. Die Tiere sind geschickte Kletterer, die sich überwiegend auf Bäumen und in Büschen aufhalten.

Aussehen: Die Kopfoberseite ist einfarbig braun. Den hellen Bauch begrenzen seitlich ein bis zwei schwarze Längsstreifen. Der Rücken ist hellbraun bis bronzefarben mit einzelnen schwarz eingefassten Schuppen.

Pflege: Diese Art kann sich manchmal recht aggressiv gebärden und sehr kräftig zubeißen. Das Weibchen legt zweimal im Jahr 5–8 Eier, aus ihnen schlüpfen etwas über 30 cm lange Jungschlangen.

25–30 °C	*nein*	*Tag*	*>150 cm*	*C*	*Typ I, feucht*

Grüne Mamba

Dendroaspis viridis

Verbreitung und Lebensraum: Die Art ist in West-Afrika zuhause. Sie lebt in tropischen Regen- und Sekundärwäldern. Es handelt sich um eine sehr schnelle Art, die auf den Bäumen genau so flink ist wie auf der Erde.

Aussehen: Es gibt zwei Farbvarianten der Grünen Mamba: die eine ist durchgehend grün, die zweite bräunlich bis orange.

Pflege: Der Biss der Grünen Mamba endet unbehandelt häufig tödlich. Das Weibchen legt bis zu 10 Eier, die auf feuchtem Vermiculite gezeitigt werden. In Abhängigkeit von der Temperatur schlüpfen die Jungen nach 70–80 Tagen. Sie haben beim Schlupf bereits eine Gesamtlänge von etwas über 40 cm und besitzen schon ihre volle Giftigkeit.

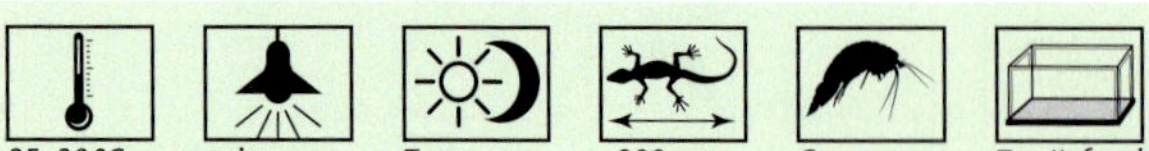

25–30 °C	nein	Tag	>200 cm	C	Typ II, feucht

Schneckennatter

Dipsas catesbyi

Verbreitung und Lebensraum: Die Schneckennatter lebt in den Regenwäldern von Ecuador und Peru. Sie hält sich überwiegend am Boden auf, steigt aber auch hoch ins Geäst um dort nach Nahrung zu suchen.

Aussehen: Der Bauch ist hellbeige, der Oberkörper rotbraun mit großen dunkelbraunen Flecken, die teilweise hell umrandet sein können. Der Kopf setzt sich deutlich vom Körper ab. Am Hinterkopf findet sich ein weißes Halsband.

Pflege: Die Schlangen sollten paarweise in Regenwaldterrarien, die mit zahlreichen Versteckplätzen ausgestattet sind, gehalten werden. Sie ernähren sich ausschließlich von Gehäuseschnecken, die sie mit ihrem Unterkiefer aus dem Gehäuse ziehen.

25–28 °C	*nein*	*Nacht*	*>120 cm*	*Schnecken*	*Typ I, feucht*

Afrikanische Strumpfbandnatter

Elapsoidea nigra

Verbreitung und Lebensraum: Die Art kommt in den Usambara-, Uluguru- und Udzungwa-Bergen von Tansania vor; außerdem wurde sie auch in Kenia (Taita Hills) gefunden. Es sind Bewohner der Falllaubschicht der Wälder.

Aussehen: Die jungen Schlangen sind graublau mit dunklen, hell eingefassten Querbinden. Im Alter zeigen sie eine dunklere Färbung mit heller Querbänderung. Der Kopf ist nur undeutlich vom Körper abgesetzt, und die kleinen Augen haben runde Pupillen.

Pflege: Es handelt sich um eine Giftschlange, die jedoch offenbar nicht sehr aggressiv ist. Über ihre Haltung ist bisher nur wenig bekannt. Das Weibchen legt 2–5 Eier, über deren Zeitigung keine Daten vorliegen.

25–28 °C	nein	Tag	>60 cm	C	Typ I, feucht

Vierstreifennatter

Elaphe quatuorlineata

Verbreitung und Lebensraum: Italien bis Vorderasien. Dabei wird kein bestimmter Lebensraum bevorzugt. Man findet die Tiere genauso häufig in lichten, trockenen Wäldern wie in Feuchtgebieten. Überwiegend halten sie sich am Boden auf, doch können sie auch gut klettern.

Aussehen: Der Name „Vierstreifennatter“ trifft eigentlich nur für vereinzelte Exemplare wirklich zu. In Zeichnung und Farbe variieren die Tiere je nach Verbreitungsgebiet sehr stark. Ihre Grundfärbung besteht überwiegend aus Gelb- und Brauntönen, und man findet sowohl gestreifte als auch gefleckte Exemplare.

Pflege: Die Terrarien sollten eine größere Grundfläche besitzen. Eine Gruppenhaltung ist möglich.

25–28 °C	*35 °C*	*Tag*	*<200 cm*	*C*	*Typ II, halbfeucht*

Amurnatter

Elaphe schrencki

Verbreitung und Lebensraum: Die Gebiete um die Flüsse Amur, Ussuri und Argun werden von dieser Schlange besiedelt; außerdem kommt sie von Ostsibirien bis nach Korea und Südchina vor, überwiegend in feuchteren Gebieten. Dort halten sich die Tiere sowohl am Boden als auch auf Bäumen auf.

Aussehen: Auf schwarzem bis braunem Grund finden sich häufig gelbe bis hellbeige Querbinden.

Pflege: Die Schlangen können paarweise oder in Gruppen gepflegt werden. Für ihre erfolgreiche Haltung und Zucht ist unbedingt eine längere Winterruhe erforderlich. Die Weibchen legen in der Regel weniger als 20 Eier ab. Diese werden in einem Schlupfkasten in feuchtem Moos abgelegt.

25–28 °C	nein	Tag	<180 cm	C	Typ III, feucht

Regenbogenboa

Epicrates cenchria

Verbreitung und Lebensraum: Die Regenbogenboa ist von Costa Rica bis nach Argentinien verbreitet; sie bewohnt Waldgebiete und Plantagen, genauso wie auch felsige Landschaften.

Aussehen: Kurz nach der Häutung schimmern die glatten Schuppen regenbogenfarben, daher auch der deutsche Name. Die Tiere können einfarbig braun sein, tragen aber weit häufiger helle Flecken mit dunkler Umrandung.

Pflege: Da die Schlangen sehr gerne ein Bad nehmen, sollte stets ein gut temperiertes Wasserbecken vorhanden sein. Wie alle Boas ist auch die Gattung Epicrates lebendgebärend: das Weibchen bringt nach einer Tragezeit von etwa 5 Monaten häufig mehr als 10 Junge zur Welt.

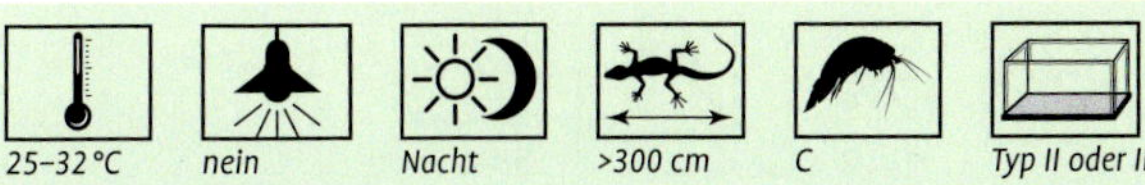

Sandboa

Eryx jaculus

Verbreitung und Lebensraum: Die Art ist von Südosteuropa bis nach Südwestasien und in Nordafrika weit verbreitet. Sie lebt überwiegend in steppen- bis wüstenartigen Gebieten mit spärlichem Bewuchs. Es sind Bodenbewohner, die den Tag unter Steinen oder in Erdlöchern verschlafen.

Aussehen: In Anpassung an die wühlende Lebensweise hat sich der Oberkiefer gegenüber dem Unterkiefer deutlich verlängert. Der Kopf ist kaum vom walzenförmigen Körper abgesetzt. Auf grauem bis bräunlichem Grund tragen die Tiere dunkelbraune Flecken, die ein Rautenband bilden.

Pflege: Angebracht ist hier Einzelhaltung, da die Schlangen sehr starken Futterneid zeigen und sich beim Fressen verletzen können.

25–28 °C	nein	Nacht	>60 cm	C	Typ III, feucht

Spitzkopfnatter

Gonyosoma oxycephala

Verbreitung und Lebensraum: Die Spitzkopfnatter kommt in ganz Südostasien vor und hält sich fast nur auf Bäumen auf. Häufig leben die Schlangen in der Nähe von Gewässern – auch in Mangrovensümpfen.

Aussehen: Die Tiere besitzen eine sehr lange, spitz zulaufende Schnauze und einen langen, dünnen Schwanz, der bei Erregung ständig in Bewegung ist. Ihre Färbung variiert von grüngelb bis oliv. Häufig ist die Bauchseite gelb oder doch wenigstens heller abgesetzt.

Pflege: Diese Schlangen können bisweilen sehr bissig sein. Das Weibchen legt seine bis zu 12 Eier im Terrarium in Schlupfkisten gefüllt mit feuchtem Moos ab. Bei 26–30 °C benötigen die Jungtiere etwa 95–125 Tage bis zum Schlupf.

25–28 °C	*nein*	*Tag*	*>200 cm*	*C*	*Typ I oder II, feucht*

Kielschwanznatter

Helicops angulatus

Verbreitung und Lebensraum: Diese Art kommt im tropischen Südamerika vor, genauer gesagt auf Trinidad und Tobago. Wie der deutsche Name „Braun gebänderte Wasserschlange“ schon andeutet, lebt sie im feuchten Element – vom Süß- bis zum Brackwasser und sehr häufig auch in Sumpfgebieten.

Aussehen: Die Grundfarbe variiert von rot bis graugelb mit leichter Querbänderung. Die Männchen besitzen einen längeren Schwanz als die Weibchen.

Pflege: Zur Haltung kommt nur ein Paludarium in Frage. Man kann mehrere Schlangen zusammen pflegen. Das Weibchen legt bis zu 20 Eier, die zu einem großen Klumpen zusammenkleben. Sie werden in feuchtem Vermiculite gezeitigt.

25–28 °C	*nein*	*Tag*	*>60 cm*	*C*	*Typ VIII, feucht*

Honduras-Königsnatter

Lampropeltis triangulum

Verbreitung und Lebensraum: Die Königsnatter bewohnt fast die gesamten USA und Teile von Mittelamerika. Innerhalb dieses riesigen Verbreitungsgebiets haben sich die Schlangen alle möglichen Lebensräume erobert. Ganz überwiegend trifft man sie auf dem Boden an.

Aussehen: Die häufigste Farbkombination besteht aus roten, schwarzen und weißen Querbinden, wobei der rote Ton von hellrot bis rotbraun variieren kann. Mittlerweile gibt es aber auch andere Farbzüchtungen, bis hin zu Albinos.

Pflege: Die Schlangen sollten einzeln gepflegt und nur zur Paarung zusammengesetzt werden, denn sonst kann es bei der Fütterung geschehen, dass sie einander gegenseitig umbringen.

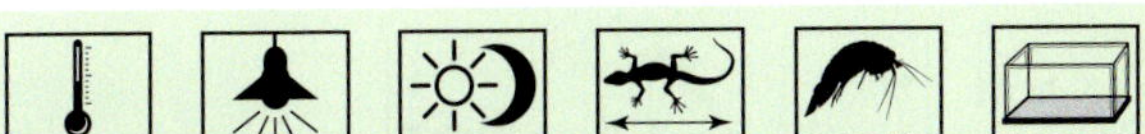

25–30 °C | *nein* | *Tag* | *>120 cm* | *C* | *Typ I oder III, feucht*

Rosenboa

Lichanura trivirgata

Verbreitung und Lebensraum: Diese Schlangen kommen in den USA (Südkalifornien, Südwestarizona) und Nordwest-Mexiko (Niederkalifornien) vor. Sie sind reine Bodenbewohner, die in trockenen Sand- und Felswüsten mit spärlichem Bewuchs leben.

Aussehen: Der Kopf mit den kleinen Augen geht ohne erkennbare Zäsur in den Rumpf über. Die Grundfarbe variiert von grau bis braunrot; darüber verläuft eine mehr oder minder deutliche Längsstreifung. Die Männchen besitzen beiderseits der Kloake einen Aftersporn.

Pflege: Es handelt sich um eine sehr ruhige und friedliche Schlange, die leicht paarweise gepflegt werden kann. Die Tiere paaren sich kurze Zeit nach ihrer 3–6 monatigen Winterruhe.

25–30 °C | *nein* | *Nacht* | *<100 cm* | *C* | *Typ V oder VI, trocken*

Grüner Baumpython

Morelia viridis

Verbreitung und Lebensraum: Der Grüne Baumpython kommt in Neuguinea, auf den Salomonen und an der Nordostspitze Australiens vor. Die Schlangen sind Baumbewohner der tropischen Regenwälder.

Aussehen: Die Grundfarbe variiert von gelb über grün bis blaugrün. Längs des Rückgrats bilden weiße Flecken häufig eine Art Band.

Pflege: In größeren Terrarien kann man mehrere Tiere pflegen. Es hat sich jedoch herausgestellt, dass eine Einzelhaltung für die Zucht vorteilhafter ist. Die Paare werden nur zur Paarung zusammengesetzt. Das Weibchen bebrütet seine Eier zwischen den Körperschlingen und sorgt durch Muskelkontraktionen für eine optimale Zeitigungstemperatur.

25–30 °C	*nein*	*Tag*	*<180 cm*	*C*	*Typ II, feucht*

Würfelnatter

Natrix tessellata

Verbreitung und Lebensraum: Mitteleuropa und Eurasien bis China. Sie ist eine ausgezeichnete Schwimmerin, die auch lange Zeit unter Wasser ausharren kann. Man findet sie sowohl an schnell fließenden Bächen mit Stillwasserzonen als auch im Uferbereich großer Flüsse und Seen.

Aussehen: Auf graugrünem Grund finden sich eine Würfelzeichnung oder einzelne kleine Flecken.

Pflege: Die Art kann auch in größeren Gruppen gepflegt werden. Das Weibchen vergräbt seine 6–25 häufig zu einem Klumpen verklebten Eier unter faulem Holz oder in modernden Baumstümpfen. Je nach Temperatur benötigen die Jungen bis zum Schlupf 50–70 Tage. Anfangs ernähren sie sich von Kaulquappen und kleinen Fischen.

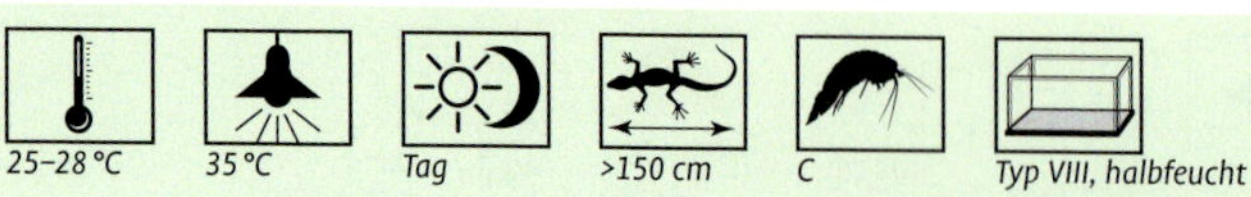

Buntpython

Python brongersmai

Verbreitung und Lebensraum: Diese Schlangenart kommt in Indonesien (Sumatra mit kleineren Nachbarinseln) und auf der Malaiischen Halbinsel vor. Sie lebt überwiegend in der Laubschicht am Boden von Regenwäldern und anderen Feuchtgebieten.

Aussehen: Zeichnung und Musterung sind überaus variabel. Das Spektrum der Grundfärbung reicht von gelb bis rot, und die Musterung ist dunkel davon abgesetzt. Sie kann aus einzelnen Flecken, Streifen oder einer Art Gitternetz bestehen. Auch an den unterschiedlichen Zuchtformen zeigt sich die große Variabilität dieser Spezies.

Pflege: Die Tiere sollten einzeln gepflegt werden; nur zur Paarung setzt man das Weibchen zum Männchen.

25–32 °C | *nein* | *Tag* | *>200 cm* | *C* | *Typ II, feucht*

Dunkler Tigerpython

Python molurus bivittatus

Verbreitung und Lebensraum: Ostasien. Die Art bevorzugt Feuchtgebiete mit größeren Gewässern, in denen sie sich sehr gern aufhält.

Aussehen: Die Grundfarbe ist dunkelbraun; über den ganzen Körper ziehen sich gelbe Längsstreifen und Querbinden. Darüber hinaus sind mittlerweile auch verschiedene Zuchtformen bekannt.

Pflege: Nur Einzelhaltung kommt hier in Frage – Vorsicht beim Umgang mit diesen sehr kräftigen Schlangen! Das Weibchen legt bis zu 50 Eier, die es selbst bebrütet. Dazu wickelt sich die Schlange um das Gelege und erhöht durch Muskelkontraktion ihre Körperwärme. Bei einer Bruttemperatur von 30,8 °C benötigen die Jungen bis zum Schlupf 60 Tage.

Königspython

Python regius

Verbreitung und Lebensraum: Das Hauptverbreitungsgebiet des Königspythons liegt in West- und Zentralafrika: es erstreckt sich vom Senegal bis nach Uganda. Die Tiere bewohnen die Busch- und Grassavanne bis an die Randzone des Regenwaldes. Häufig kann man sie auch in Wassernähe antreffen.

Aussehen: Auf dunkelbraunem Grund finden sich große gelbe Flecken. Die Schädeloberseite ist dunkelbraun, und von der Nasenöffnung bis zur Schläfenregion zieht sich ein gelber Streifen. Heute existieren auch sehr unterschiedliche Zuchtformen. Bei Gefahr rollen sich die Schlangen zu einem Ball zusammen.

Pflege: Die Gruppenhaltung bereitet keine Probleme – auch nicht bei der Haltung mehrerer Männchen.

25–28 °C *nein* *Tag* *>150 cm* *C* *Typ II, halbfeucht*

Netzpython

Python reticulatus

Verbreitung und Lebensraum: Der Netzpython ist in Südostasien weit verbreitet. Er hält sich überwiegend am Boden der Regenwälder auf, kommt aber bis an die Häuser der Einheimischen heran. Leider werden die Tiere in den meisten Gebieten wegen ihrer Haut und ihres Fleisches sehr stark bejagt.

Aussehen: Der Netzpython gehört zu den größten Riesenschlangen der Welt. Er trägt ein Gittermuster aus verschiedenen Gelb- und Brauntönen. Es existieren mittlerweile auch sehr unterschiedliche Zuchtformen.

Pflege: Die Haltung dieser Riesenschlangen ist auf Grund ihrer Größe nicht unproblematisch. Sie werden am besten einzeln gehalten und nur zur Paarung zusammengesetzt.

25–28 °C | *nein* | *Tag* | *>800 cm* | *C* | *Typ II, feucht*

Hakennasennatter

Rhamphiophis rostratus

Verbreitung und Lebensraum: Diese Art besiedelt in Ostafrika ein ausgedehntes Verbreitungsgebiet. Sie lebt in trockenen bis halbtrockenen Savannen und im Buschland, wo sie sich überwiegend am Boden aufhält, aber gelegentlich auch in den Büschen umherklettert.

Aussehen: Typisch für diese Schlange ist ihr überstehender Oberkiefer, der auf ihre grabende Lebensweise hindeutet. Auf grauem Grund tragen die Tiere ein dunkelbraunes Netzmuster. Von der Schnauze bis über das Auge zieht sich beiderseits ein dunkelbraunes Band.

Pflege: Die Schlangen sollten einzeln gehalten und nur zur Paarung zusammengesetzt werden. Die Art ist schwach giftig, doch bisher sind keine Unfälle bekannt geworden.

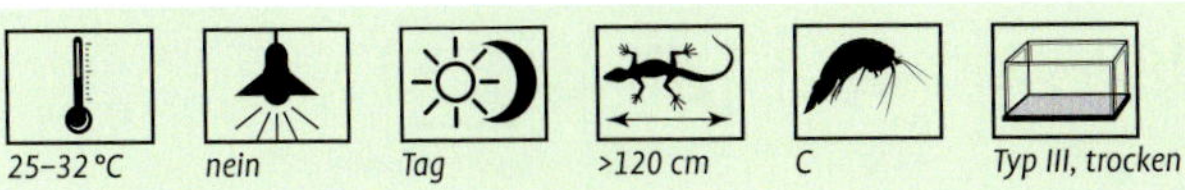

Langnasennatter

Rhinocheilus lecontei

Verbreitung und Lebensraum: Die Nasennatter kommt von den südwestlichen Staaten der USA bis nach Mexiko hinein vor. Sie bewohnt sandige und steinige Wüstengebiete mit spärlichem Bewuchs, ist aber auch auf Kulturland bis in Höhen um 1800 m über NN anzutreffen. Die nachtaktive Art verbringt den Tag bevorzugt unter Steinen, Brettern oder lockerem Boden.

Aussehen: Vom schwarzen Kopf an ziehen sich schwarz und beige Querbinden mit einer feinen orangen Sprenkelung über den ganzen Körper. Der spitze Kopf deutet auf die grabende Lebensweise hin.

Pflege: Nach der Winterruhe paaren sich die Schlangen, und die Weibchen legen ihre 5–8 Eier von Juni bis August im feuchten Boden ab.

25–28 °C	*nein*	*Nacht*	*>100 cm*	*C*	*Typ III, trocken*

Madagaskar-Hundskopfboa

Sanzinia madagascariensis

Verbreitung und Lebensraum: Madagaskar. Sie lebt sowohl im Regenwald als auch in der Trockensavanne. Ausgewachsene Exemplare halten sich überwiegend am Boden oder in dessen Nähe auf, während man Jungtiere häufiger in höheren Sträuchern oder auf kleinen Bäumen beobachten kann.

Aussehen: Die Grundfarbe ist bei diesen Schlangen sehr variabel: ihr Spektrum reicht von dunkel- über rotbraun bis graugrün. Die rautenartige Zeichnung der Flanken weist im Zentrum häufig einen hellen Fleck auf.

Pflege: Einzelhaltung erscheint angebracht. Auch diese Art ist lebendgebärend, und das Weibchen bringt nach einer Tragezeit von etwa 6–7 Monaten verhältnismäßig große Junge zur Welt.

Hühnerfresser

Spilotes pullatus

Verbreitung und Lebensraum: Diese Art kommt von Südmexiko bis Argentinien vor. Die Schlangen leben überwiegend in Waldgebieten, wo sie sehr häufig die Nähe von Gewässern suchen. Sie halten sich überwiegend auf Bäumen auf, dringen aber auch in die Häuser von Siedlungen vor.

Aussehen: Auffallend sind die schwarzen Augen mit ihrer runden Pupille, die deutlich vom gelben bis orangen Kopf abstechen. Auf hellbeige bis hellgelbem Grund tragen die Tiere eine schwarze Rauten- und Fleckenzeichnung.

Pflege: In einem großen, hohen Feuchtterrarium lassen sich mehrere Tiere gemeinsam pflegen. Die Art kann sehr ungestüm und bissig sein und bei Störungen heftig auf die Scheiben einstoßen.

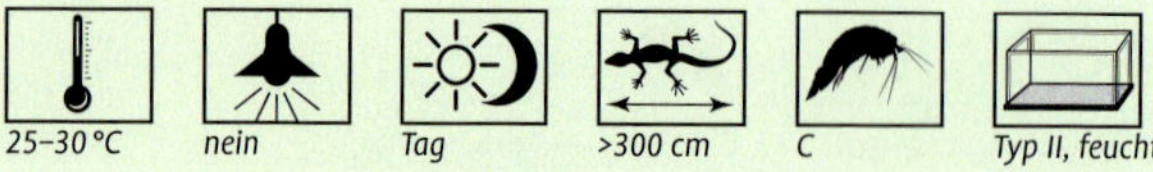

Strumpfbandnatter

Thamnophis sirtalis

Verbreitung und Lebensraum: Diese Strumpfbandnatter kommt von Südkanada über weite Teile der USA bis nach Nordmexiko vor. Sie bevorzugt Feuchtgebiete und hält sich sehr gerne im Wasser auf, ist aber ansonsten in den verschiedensten Lebensräumen anzutreffen.

Aussehen: Farbe und Zeichnung sind äußerst variabel, so dass eine generalisierende Beschreibung äußerst schwer fällt. Deutlich ausgebildet sind aber stets der Rücken- und die zwei Flankenstreifen.

Pflege: Die Schlangen lassen sich auch in größeren Gruppen zusammen halten. Sie sind lebendgebärend, und ein großes Weibchen kann bis zu 80 Jungtiere zur Welt bringen, in aller Regel jedoch viel weniger.

Waglers Lanzenotter

Tropidolaemus wagleri

Verbreitung und Lebensraum: Die Bambusotter kommt von Südthailand über Malaysia bis nach Sulawesi vor. Sie lebt im unteren Busch- und Baumbereich und steigt häufig auch auf den Boden herab. Sie gilt zwar als „beißfaul“, und ihr Biss ist selten tödlich, aber sehr schmerzhaft – er muss auf jeden Fall ärztlich behandelt werden. Die Tiere können blitzschnell zustoßen!

Aussehen: Das Aussehen dieser Art ist sehr variabel: die Schlangen können einheitlich grün sei, aber auch schwarz mit gelben Punkten und Querbinden. Ihr dreieckiger Kopf ist deutlich vom Körper abgesetzt.

Pflege: Die Weibchen gebären lebende Junge. Ein Wurf besteht aus 11–25 Tieren, die nicht größer als 18–22 cm sind.

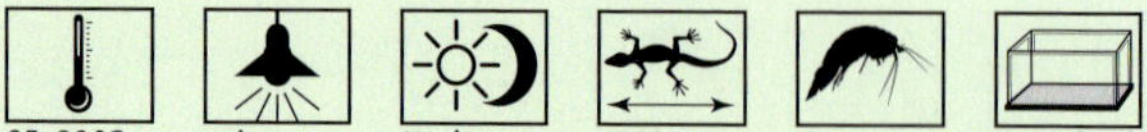

25–30 °C | *nein* | *Nacht* | *<100 cm* | *C* | *Typ I, feucht*

Europäische Hornotter

Vipera ammodytes

Verbreitung und Lebensraum: Die Hornviper kommt mit verschiedenen Unterarten vom südöstlichen Österreich bis nach Kleinasien und Syrien vor. Sie steigt dabei bis in Höhen um 2000 m über NN empor. Man findet die Tiere an sonnenexponierten Plätzen, jedoch nie in echten Sandwüsten. Trockene Areale mit zahlreichen Büschen und Legesteinmauern bilden ihren bevorzugten Lebensraum.

Aussehen: Charakteristisch für diese Art ist das Horn auf der Schnauzenspitze. Ihre Grundfärbung variiert von rotbraun bis hellbeige, mit einem schwarzen Zickzackband auf dem Rücken.

Pflege: Das Gift wirkt auf den Blutkreislauf, weshalb Bisse unbedingt ärztlich behandelt werden müssen.

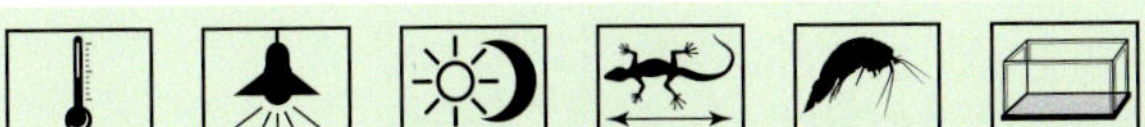

25–28 °C | *nein* | *Tag* | *<100 cm* | *C* | *Typ V, trocken*

Äskulapnatter

Zamenis longissima

Verbreitung und Lebensraum: Das Verbreitungsgebiet der Äskulapnatter erstreckt sich von Spanien bis zum Iran. Dabei kommen alle drei Unterarten im gesamten mittel- und südeuropäischen Raum flächendeckend vor. Sehr gerne halten sich die Schlangen in der Nähe von Legesteinmauern auf, und auch bei Häusern und in Stallungen trifft man sie häufig an.

Aussehen: Auf gelb- bis graubrauner Grundfarbe verlaufen mehr oder minder deutliche Längsstreifen. Einige Exemplare lassen auch eine vage Querbänderung aus hellen Schuppen erkennen.

Pflege: Die Schlangen legen manchmal lange Hungerphasen ein, die ihnen aber nicht schaden. Große Weibchen können bis zu 18 Eier ablegen.

25–28 °C	*35 °C*	*Tag*	*>200 cm*	*C*	*Typ III, trocken*

Leopardnatter

Zamenis situla

Verbreitung und Lebensraum: Die Leopardnatter kommt von der Türkei über Griechenland, Albanien, Ex-Jugoslawien und Süditalien bis nach Sizilien und Malta vor. Sie ist ein Bodenbewohner, der gern in Legesteinmauern Zuflucht sucht.

Aussehen: Die Grundfärbung variiert von gelblich- bis dunkelgrau. Rotbraune Flecken, die auch zu einem Längsband verschmelzen können, sind vom Kopf bis auf den Schwanz verteilt.

Pflege: Die Art gilt als sehr stressempfindlich und sollte daher tunlichst einzeln gepflegt werden. Die Weibchen legen in aller Regel nur 3–5 Eier. Bei Temperaturen von 25–29 °C schlüpfen nach 50–75 Tagen Jungtiere. Eine Winterruhe muss unbedingt eingehalten werden.

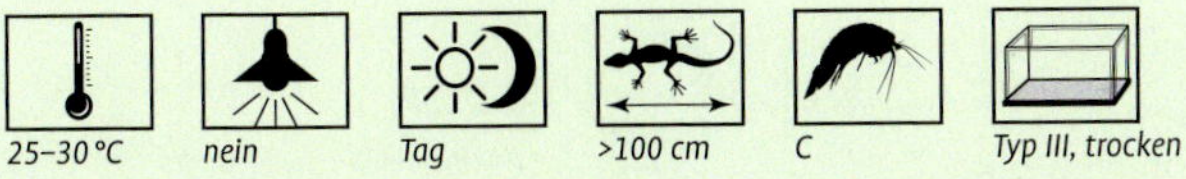

Schlangenhalsschildkröte

Chelodina longicollis

Verbreitung und Lebensraum: Diese Art bewohnt weite Teile Südost-Australiens. Man findet die Schildkröten in den unterschiedlichsten allenfalls langsam fließenden Gewässern – von Sümpfen über Bäche bis zu Flüssen.

Aussehen: Die Tiere wirken sehr eindrucksvoll – ihr Hals erreicht etwa 2/3 der Länge des schwach gewölbten Panzers. Dessen Farbe variiert von gelblich über braun bis schwarz, während Kopf, Hals und Gliedmaßen schlicht gräulich sind.

Pflege: Es handelt sich um einen gewandten Schwimmer, für den der Wasserteil unterschiedliche Tiefen von bis zu 50 cm aufweisen sollte. Die Tiere ernähren sich von kleinen Fischen, die sie durch plötzliches Aufreißen des Mauls einsaugen.

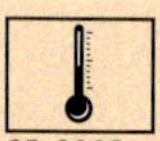
25–28 °C

40 °C

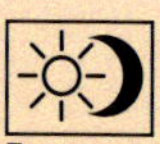
Tag

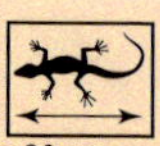
>20 cm

C

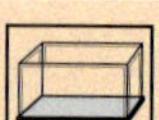
Typ VIII, feucht

Matamata

Chelus fimbriatus

Verbreitung und Lebensraum: Das Vorkommen der Fransenschildkröte erstreckt sich über die nördliche Hälfte Südamerikas. Sie bevorzugt langsam fließende Gewässer mit weichem Untergrund, etwa vegetationsreichen Seen, Teiche und Flussarme.

Aussehen: Das auffälligste Merkmal dieser Art bildet der flache, dreieckige Schädel, an dessen Seiten sich Hautfransen befinden. Die Schnauzenspitze ist schnorchelartig verlängert, der meist einfarbig braune Panzer ist mit drei kräftigen Kielen versehen.

Pflege: Die Tiere können paarweise in geräumigen, nur mäßig beleuchteten Aquaterrarien gepflegt werden. Dabei sollte der Boden mit einer Sandschicht bedeckt sein, in die sie sich leicht eingraben können.

25–28 °C | *nein* | *Nacht* | *>40 cm* | *C* | *Typ VIII, feucht*

Zierschildkröte

Chrysemys picta

Verbreitung und Lebensraum: Ihr Verbreitungsgebiet reicht vom Südosten Kanadas bis in die Südstaaten der USA. Sie bevorzugt stehende und langsam fließende Gewässer wie Teiche, Sümpfe, Seen und Bäche, die am Ufer und unter dem Wasserspiegel eine üppige Vegetation aufweisen. Als Sonnenplätze werden aus dem Wasser herausragende Baumstämme oder Wurzeln genutzt.

Aussehen: Der flache, kiellose Rückenpanzer ist schwarzbraun bis grünlich, und die Randschilder sind nicht gesägt. Es handelt sich um eine sehr hübsch gezeichnete Spezies, deren Unterarten sich anhand ihrer Zeichnung und Farbe unterscheiden lassen.

Pflege: Die Art kann während des Sommers im Gartenteich gepflegt werden.

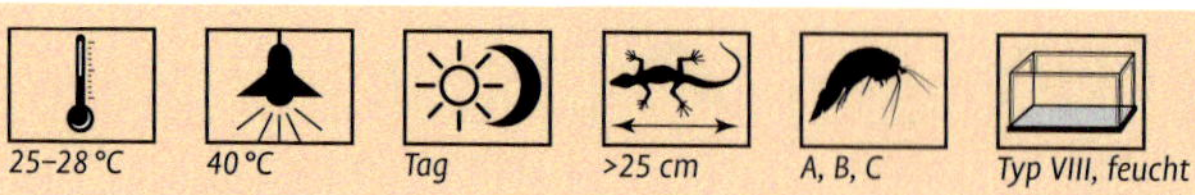

Tropfenschildkröte

Clemmys guttata

Verbreitung und Lebensraum: Das Verbreitungsgebiet der Tropfenschildkröte erstreckt sich von Südost-Kanada über weite Teile der USA. Ihre bevorzugten Lebensräume bilden Sumpfgebiete, Bäche und Tümpel mit flachen Wasserstand und allenfalls geringer Strömung. Diese Habitate zeichnen sich zumeist durch eine üppige Vegetation aus.

Aussehen: Der schwach gewölbte Rückenpanzer ist blauschwarz mit gelblichen Sprenkeln (daher auch ihr deutscher Name), doch kann diese Zeichnung mit zunehmendem Alter verblassen. Die erwähnte Zeichnung verleiht der Tropfenschildkröte ihr attraktives Aussehen.

Pflege: Die Tiere lassen sich gut in flachen Aquaterrarien mit einem großen Landteil pflegen.

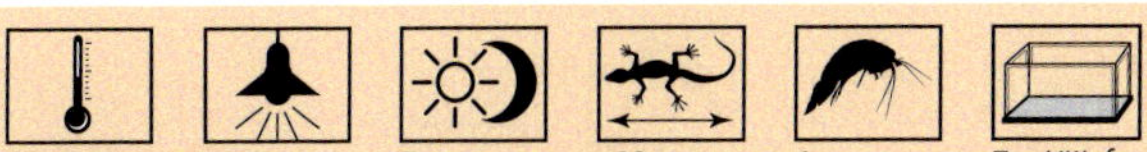

25–28 °C | *40 °C* | *Tag* | *>12 cm* | *A* | *Typ VIII, feucht*

Amboina-Scharnierschildkröte

Cuora amboinensis

Verbreitung und Lebensraum: Diese Scharnierschildkröte besiedelt in Südostasien ein großes Verbreitungsgebiet, das sich etwa von Bangladesch bis nach Indonesien und den Philippinen erstreckt. Man findet die Tiere häufig in der Nähe von flachen, vegetationsreichen Gewässern wie Tümpeln, Teichen oder Flussarmen.

Aussehen: Bei *Cuora amboinensis* handelt es sich um eine unscheinbare Art. Ihr hoch gewölbter Panzer ist bräunlich bis schwarz. Nur Jungtiere weisen 3 Längskiele auf, die allerdings im Laufe der Zeit zunehmend abflachen.

Pflege: Man kann die Art paarweise in geräumigen Aquaterrarien mit großem Landteil pflegen. Der Wasserteil sollte dabei maximal 15 cm tief sein.

25–28 °C | *35 °C* | *Tag* | *>20 cm* | *A und B* | *Typ VIII, feucht*

Hinterindische Scharnierschildkröte

Cuora galbinifrons

Verbreitung und Lebensraum: Das Verbreitungsgebiet dieser Schildkröte reicht von China bis Vietnam. Sie ist ein Landbewohner, der im feuchten Falllaub und Unterwuchs kühler Bergwälder lebt. In einigen Teilen des Verbreitungsgebietes regnet es fast täglich.

Aussehen: Die Art wirkt recht ansprechend. Ihr hoch gewölbter Panzer zeigt eine hell- bis dunkelbraune Grundfärbung, die an den Seiten durch ein breites, hellgelbes bis beiges Längsband abgelöst wird.

Pflege: Zur Pflege eignen sich kühle, von der Einrichtung dem heimischen Waldboden nachempfundene Terrarien. Die etwa 10 cm hohe Bodenschicht sollte mit Moos und Laub bedeckt sein und zahlreiche Versteckplätze aufweisen.

20–24 °C	30 °C	Tag	>18 cm	A und B	Typ IX, feucht

Krefft-Spitzkopfschildkröte

Emydura krefftii

Verbreitung und Lebensraum: Die Art bewohnt ausschließlich den Osten und Norden des australischen Bundesstaates Queensland. Als Biotop kommen alle Arten von Fließgewässern in Betracht. Am häufigsten sieht man die Schildkröten an ruhigen Stellen, wo sich Treibholz angesammelt hat.

Aussehen: Es handelt sich um eine recht unscheinbare Art mit einem fast ovalen Panzer von oliv- bis dunkelbrauner Farbe. Zum Teil besitzen die Tiere auch dunkle Flecken. An jeder Seite des Schädels verläuft ein gelber bis grünlicher Streifen.

Pflege: Die Art ist eine gewandte Schwimmerin und sollte paarweise in geräumigen Aquaterrarien gepflegt werden, deren Wassertiefe stellenweise 50 cm beträgt.

25–28 °C | *40 °C* | *Tag* | *>25 cm* | *A* | *Typ VIII, feucht*

Europäische Sumpfschildkröte

Emys orbicularis

Verbreitung und Lebensraum: Die Sumpfschildkröte bewohnt weite Teile Mittel- und Südeuropas sowie Westasiens. Man findet sie in den unterschiedlichsten Gewässerformen (etwa Sümpfe, Seen, Tümpel, Bäche sowie Gräben). Dabei bevorzugen die Tiere schwach fließende Gewässer mit weichem Bodengrund und üppiger Vegetation.

Aussehen: Die Art besitzt einen ovalen, nur schwach gewölbten Rückenpanzer. Seine Färbung variiert von gelb- und olivbraun über braun bis schwarz und trägt eine Zeichnung aus unzähligen gelben Strichen oder Punkten, die oft gruppenweise strahlenförmig angeordnet sind.

Pflege: Sumpfschildkröten lassen sich ganzjährig im Freiland (Gartenteich) pflegen.

25–28 °C | *40 °C* | *Tag* | *>25 cm* | *A* | *Typ VIII, feucht*

Köhlerschildkröte

Geochelone carbonaria

Verbreitung und Lebensraum: Köhlerschildkröten bewohnen das tropische Südamerika östlich der Andenkette. Die Tiere bevorzugen Gras- und Savannenlandschaften sowie Trockenwaldregionen.

Aussehen: Der Rückenpanzer ist bei erwachsenen Exemplaren in der Mitte leicht tailliert. Er trägt bei brauner bis schwarzer Grundfarbe auf jedem Schild einen gelben Fleck. Die Extremitäten sind graubraun, viele der Kopfschuppen gelb gefleckt. Von den schildähnlichen Schuppen der Vorder- und Hinterbeine prangen einige in leuchtendem Rot.

Pflege: Köhlerschildkröten sollten aufgrund ihres lebhaften, geselligen Wesens immer in kleineren Gruppen und in entsprechend geräumigen Terrarien gehalten werden.

25–28 °C · *40 °C* · *Tag* · *>30 cm* · *B* · *Typ IX, halbfeucht*

Pantherschildkröte

Geochelone pardalis

Verbreitung und Lebensraum: Die Art bewohnt das mittlere und südliche Afrika. Ihren Lebensraum bilden trockene, sandige Halbwüsten, Busch- und Savannenlandschaften. Während des sehr heißen und trockenen Sommers können die Schildkröten, im Erdreich vergraben, eine Sommerruhe einlegen.

Aussehen: Der Rückenpanzer ist immer länger als breit, sein Hinterrand stärker als der vordere gesägt. Auf gelblichem Grund trägt er unregelmäßig geformte dunkelbraune bis schwarze Flecken.

Pflege: Man sollte die Tiere nur in großen Anlagen halten, da sie sehr aktiv sind und gern umherwandern. Während der warmen Sommermonate ist eine Unterbringung in sehr großen Freilandgehegen möglich.

25–30 °C | *40 °C* | *Tag* | *>50 cm* | *B* | *Typ IX, trocken*

Strahlenschildkröte

Geochelone radiata

Verbreitung und Lebensraum: Die Strahlenschildkröte bewohnt den zentralen Süden und Südwesten Madagaskars. Ihr Lebensraum wird durch die Dornbuschvegetation geprägt. Innerhalb dieses Habitats bevorzugen die Tiere Areale mit niedrigem Buschwerk und Grasbewuchs.

Aussehen: Die Grundfarbe des stark gewölbten Rückenpanzers ist dunkelbraun bis schwarz. Seine Wirbel-, Rippen- und Randschilder tragen eine gelbe Strahlenzeichnung, die vom gelben Zentrum ausgeht. Der Bauchpanzer ist ebenfalls gelbschwarz gezeichnet. Bei älteren Tieren wird die genannte Zeichnung zunehmend undeutlicher.

Pflege: Zur Pflege eignen sich großzügig bemessene Anlagen mit einem trockenen Bodengrund.

25–30 °C | *40 °C* | *Tag* | *>40 cm* | *B* | *Typ IX, trocken*

Spornschildkröte

Geochelone sulcata

Verbreitung und Lebensraum: Sahel-Zone von Süd-Mauretanien und Nord-Senegal bis ins nördliche Äthiopien. Ihren Lebensraum bilden extrem trockene und heiße Gebiete – Halbwüsten und Savannen bis hin zu Akazienwäldern. Die Tiere verbringen die Nacht und längere Ruhephasen in selbstgegrabenen, bis zu 3 m tiefen Höhlen.

Aussehen: Die Spornschildkröte besitzt einen hellbraunen, abgeflachten Rückenpanzer. Plastron, Kopf und Gliedmaßen sind einfarbig gelb. Ihren Trivialnamen verdankt die Art den Spornen auf ihren Oberschenkeln.

Pflege: Die Tiere können nur in entsprechend hergerichteten Zimmern, Gewächshäusern oder Wintergärten mit ausreichenden Unterschlupfmöglichkeiten gepflegt werden.

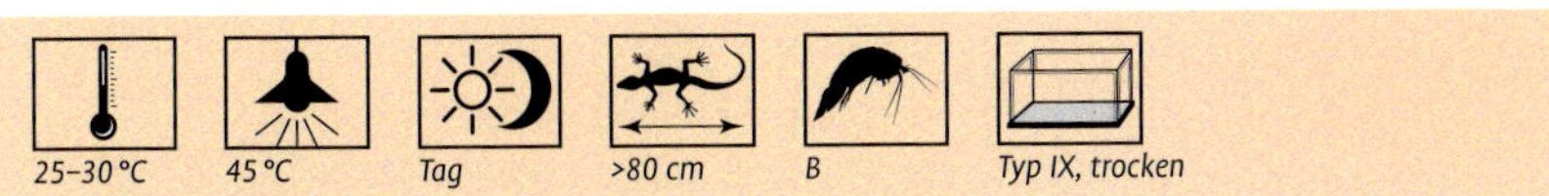

Landkarten-Höckerschildkröte

Graptemys geographica

Verbreitung und Lebensraum: Das Verbreitungsgebiet dieser Schildkröte reicht vom Süden Kanadas bis in die nördlichen USA. Dort lebt die Art in Flüssen und Seen mit sandigen bis schlammigen Böden und einer dichten Vegetation.

Aussehen: Der Panzer ist nur mäßig gewölbt. Nur die ersten Schilder haben leichte Höcker. Die Schilder tragen auf olivgrünem bis braunem Grund ein gelbes Linienmuster. Die Gliedmaßen sind ebenfalls dunkel mit feiner gelber Linienzeichnung.

Pflege: Die äußerst lebhafte Art kann während der heißesten Wochen des Sommers in einem Freilandterrarium mit Teich gepflegt werden. Da es sich um gute Schwimmer handelt, sollte jener eine Tiefe von etwa 40 cm aufweisen.

25–28 °C | *40 °C* | *Tag* | *>27 cm* | *A* | *Typ VIII, feucht*

Areolen-Flachschildkröte

Homopus areolatus

Verbreitung und Lebensraum: Südafrika Kapprovinz. In ihrem Verbreitungsgebiet – Trockensavannen mit dornigem und sukkulentem Pflanzenbewuchs – herrscht überwiegend ein mediterranes Klima mit heißen, trockenen Sommern und kühlen, feuchten Wintern vor.

Aussehen: Der leicht gewölbte Rückenpanzer ist oben abgeflacht. Die Zentren der Wirbel- und Rippenschilder sind rotbraun bis ockergelb mit gelber, olivgrüner oder dunkelbrauner Umrandung.

Pflege: Die Art lässt sich nur in geräumigen Terrarien pflegen, in denen man die täglichen und jahreszeitlichen Klimaschwankungen des Herkunftslandes bezüglich Temperatur, Lichtintensität und Feuchtigkeit so perfekt wie möglich simuliert.

22–28 °C | 40 °C | Tag | >11 cm | B | Typ IX, trocken

Gesägte Flachschildkröte

Homopus signatus

Verbreitung und Lebensraum: Die Art bewohnt in der westlichen Kapprovinz Südafrikas felsige Gebiete bis in 1000 m Höhe. Der Boden ihres Lebensraums ist mit Sukkulenten bewachsen.

Aussehen: Der Rückenpanzer ist hinten abgeflacht, und die einzelnen Rückenschilder sind nicht gewölbt. Seine Färbung kann elfenbeinfarbene bis rötliche Töne aufweisen. Von Zentrum jedes Rückenschildes strahlt eine variable Anzahl schwarze Flecken aus.

Pflege: Man kann die Art nur in geräumigen Terrarien pflegen; dabei müssen alle täglichen und jahreszeitlichen Klimaschwankungen ihres Herkunftsgebietes (Temperatur, Lichtintensität und Feuchtigkeit) so gut wie möglich simuliert werden.

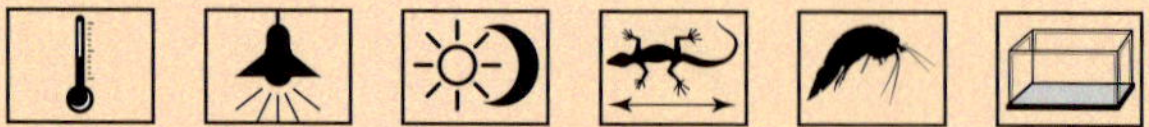

25–28 °C | 35 °C | Tag | >10 cm | B | Typ IX, trocken

Glattrand-Gelenkschildkröte

Kinixys belliana

Verbreitung und Lebensraum: Süd- und Ostafrika. Ihren Lebensraum, die Savanne, kennzeichnet eine trockene Busch- und Grasvegetation. Das Klima in diesen Regionen zeichnet sich durch ausgeprägte Regen- und Trockenzeiten aus.

Aussehen: Der längliche, leicht gewölbte Rückenpanzer fällt hinten und an den Flanken steil ab. Seine Grundfarbe besteht aus verschiedenen Brauntönen, und die einzelnen Schilde sind mehr oder weniger dunkel umrandet.

Pflege: Die Art kann leicht paarweise oder in kleinen Gruppen in Terrarien mit großer Bodenfläche gepflegt werden. Ihr Bodengrund sollte aus einer ca. 10 cm hohen Humusschicht bestehen, die man an einer Stelle stets leicht feucht hält.

25–28 °C	*40 °C*	*Tag*	*>20 cm*	*B*	*Typ IX, halbfeucht bis trocken*

Stutz-Gelenkschildkröte

Kinixys homeana

Verbreitung und Lebensraum: Die Art bewohnt tropisch-feuchte, sumpfige Regenwaldgebiete in Zentralafrika, bevorzugt Lichtungen und lockerer bewaldete Randzonen.

Aussehen: Der länglich gestreckte Rückenpanzer ist kaum gewölbt und seitlich abgeflacht. In der Regel besitzt er eine hellbraune Färbung mit dunkleren Flecken im Zentrum der einzelnen Schilde.

Die Farbe von Gliedmaßen und Kopf kann von gelblich bis braun variieren und ist gelegentlich sogar fast schwarz.

Pflege: Das Terrarium zur Pflege eines Paares sollte eine Größe von mindestens 150 × 80 cm, eine ca. 10 cm hohe Bodenschicht aus stellenweise feuchtem Humus und ein feucht-warmes Klima aufweisen.

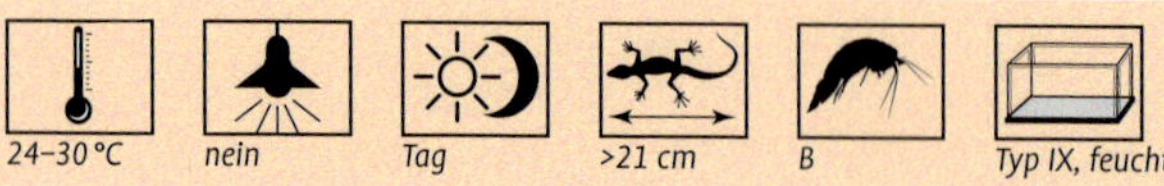

Spaltenschildkröte

Malacochersus tornieri

Verbreitung und Lebensraum: Die Spaltenschildkröte lebt an isolierten Felsformationen, die wie Inseln aus der Steppe von Kenia und Tansania emporragen.

Aussehen: Der extrem abgeflachte Panzer wird nicht viel höher als 3–4 cm. Dank einer speziellen Knochenstruktur sind seine Hornschilde weich und elastisch. Die gelben bis hellbraunen Rückenpanzerschilde besitzen hellere Zentren und dunklere Ränder, deren Breite extrem variabel ist. Bei vielen Tieren werden letztere quer von gelben Strahlen durchzogen.

Pflege: Das Terrarium sollte für ein Paar eine Grundfläche von ca. 80 × 80 cm aufweisen; allerdings ist bei dieser Art die Einzelhaltung vorzuziehen.

Kaspische Wasserschildkröte

Mauremys caspica

Verbreitung und Lebensraum: Das Verbreitungsgebiet reicht vom Mittelmeerraum bis weit nach Asien hinein. Die Art bewohnt alle Gewässerarten wie Flüsse, Seen, Teiche und sogar Reisfelder.

Aussehen: Der Rückenpanzer ist braun bis olivgrün oder schwarz und trägt meist auf jedem Schild ein gelbliches strahlenförmiges Muster. Diese hellen Linien verblassen mit zunehmendem Alter des Tieres. Der gut entwickelte Bauchpanzer ist gelb mit unterschiedlichen rötlichen bis dunkelbraunen Flecken.

Pflege: Es handelt sich um eine unempfindliche Art, die aufgrund ihrer Schwimmfreudigkeit nur in großen Aquaterrarien mit ausreichenden Sonnenplätzen gepflegt werden kann.

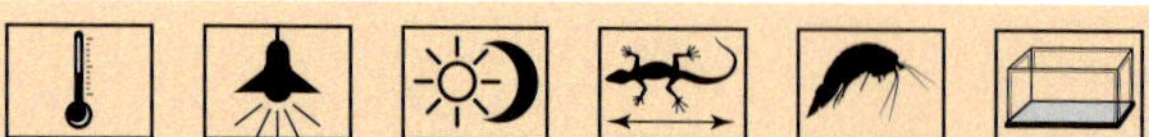

25–30 °C | *40 °C* | *Tag* | *>25 cm* | *A und C* | *Typ VIII, feucht*

Höcker-Landschildkröte

Psammobates tentorius

Verbreitung und Lebensraum: Namibia bis weit nach Südafrika hinein. Die Art bewohnt Sandwüsten, Savannen, Buschland und Trockenwälder. Während der Trockenzeit graben sich die Tiere unter niedrigen Büschen im sandigen Boden ein, um erst nach heftigen Regenschauern wieder zu erscheinen.

Aussehen: Der ovale, gewölbte Panzer weist steil abfallende Flanken auf. Jedes Schild hat ein konisch oder pyramidal erhöhtes Zentrum. Die Farbe des Rückenpanzers variiert zwischen gelb, gelblich-braun, orange und rot. Auf jedem Rückenschild finden sich gelbe, braune oder schwarze Strahlen.

Pflege: Die Art kann unter Einhaltung der klimatischen Erfordernisse paarweise gepflegt werden.

25–28 °C	*40 °C*	*Tag*	*>14 cm*	*B*	*Typ IX, trocken*

Nelsons Schmuckschildkröte

Pseudemys nelsoni

Verbreitung und Lebensraum: Das Verbreitungsgebiet dieser Art reicht von Florida bis Georgia. Ihr bevorzugter Lebensraum sind langsam fließende, stark verkrautete Gewässer wie Flussarme, Kanäle, Gräben, Teiche; auch Sümpfe, Mangroven und Marschen werden bewohnt.

Aussehen: Der hoch gewölbte Panzer besitzt einen nur leicht gesägten Hinterrand. Auf meist recht dunklem, oftmals fast schwärzlichem Grund trägt die Art gelbe bis rötliche Zeichnungselemente.

Pflege: Die Art kann in geräumigen Behältern paarweise oder in einer Kleingruppe aus einem Männchen und zwei Weibchen gepflegt werden. An heißen Sommertagen ist die Unterbringung im Freiland möglich.

25–28 °C | 40 °C | *Tag* | >30 cm | *A und B* | *Typ VIII, feucht*

Spinnenschildkröte

Pyxis arachnoides

Verbreitung und Lebensraum: Südwestmadagaskar. Dort findet man die Tiere während der Regenzeit in halbtrockenen bis trockenen Dornbuschgebieten.

Aussehen: Der Panzer ist längsoval und stark gewölbt; seine stark abschüssigen Seiten verlaufen nahezu parallel. Die hinteren, abwärts gebogenen Randschilder sind nicht gesägt. Jedes der dunkelbraunen bis schwarzen Wirbel- und Rippenschilder trägt ein sternförmiges Muster, das von einem gelben Zentrum ausstrahlt. Die Nominatform kann ihren Panzer zuklappen.

Pflege: In geräumigen Terrarien mit hoher Bodenschicht (Sand-Lehmgemisch) lässt sich die Art unter strikter Einhaltung der klimatischen Bedingungen pflegen.

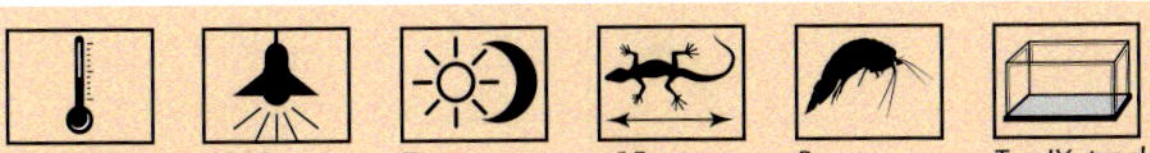

25–28 °C | *40 °C* | *Tag* | *>15 cm* | *B* | *Typ IX, trocken*

Pracht-Erdschildkröte

Rhinoclemmys pulcherrima

Verbreitung und Lebensraum: Weite Teile Mittelamerikas, in etwa von Mexiko bis Costa Rica. Sie bewohnt feuchte Wälder und Savannen, wo sie sich überwiegend im Uferbereich von Flüssen und in Galeriewäldern aufhält.

Aussehen: Der gewölbte Panzer weist eine überaus variable Färbung auf. Das Spektrum der Grundfarbe reicht von gelb- bis olivgrün; darüber ziehen sich zahlreiche unregelmäßig geformte schwarze Flecken, deren größte eine rötliche Umrandung aufweisen.

Pflege: Die Tiere benötigen ein großes Landteil mit zahlreichen Versteckplätzen. Das Wasserteil sollte eher klein sein (etwa 1/3 der Grundfläche) und eine maximale Tiefe von ca. 15 cm besitzen.

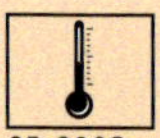

25–28 °C

40 °C

Tag

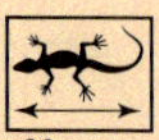

>20 cm

B

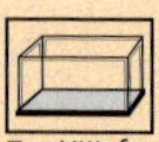

Typ VIII, feucht

Maurische Landschildkröte

Testudo graeca

Verbreitung und Lebensraum: Die Maurische Landschildkröte bewohnt das Mittelmeergebiet und die Kaukasusregion. In der Regel besteht ihr Lebensraum aus trockenen, sandigen, mit Gras bewachsenen Sanddünen, Dornbuschgebieten oder lichten Eichen- und Kiefernwäldern.

Aussehen: Das Schwanzschild ist meist ungeteilt. Färbung und Zeichnung sind sehr variabel: das Spektrum reicht von gelb bis lederfarben mit dunkelbraunen, grauen oder schwarzen Flecken.

Pflege: *Testudo graeca* gehört zu jenen europäischen Landschildkröten, die etwas höhere Temperaturansprüche stellen und daher nur während der warmen Sommermonate im Freilandterrarium gepflegt werden können.

25–28 °C	*40 °C*	*Tag*	*>30 cm*	*B*	*Typ IX, trocken*

Griechische Landschildkröte

Testudo hermanni

Verbreitung und Lebensraum: Das Verbreitungsgebiet der Griechischen Landschildkröte erstreckt sich von den Balearen (Spanien) über Südfrankreich und Italien entlang der Nordküste des Mittelmeeres bis in die Westtürkei. In der Regel bewohnt die Art eher trockene Habitate wie Trockenwiesen, Buschlandschaften, lichte Wälder und küstennahe Dünen, doch findet man sie heute auch auf Kulturland.

Aussehen: Der eher rundliche Panzer ist kuppelartig gewölbt mit abschüssigen Flanken und besitzt leicht abwärts gebogene hintere Randschilde sowie ein in der Regel ungeteiltes Schwanzschild.

Pflege: Von allen Landschildkrötenarten ist diese am besten für die Pflege im Garten geeignet.

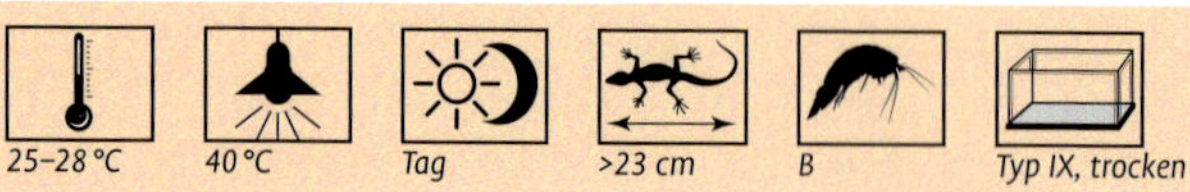

Russische Landschildkröte

Testudo horsfieldii

Verbreitung und Lebensraum: Die Art bewohnt weite Teile Zentralasiens. Ihren Lebensraum bilden Sand- und Lehmsteppen sowie felsige Abhänge. Die Tiere leben dort in selbstgegrabenen Wohnröhren, welche 80–200 cm lang sein können. In ihrem Verbreitungsgebiet herrschen sehr heiße und trockene Sommer und sehr kalte Winter vor.

Aussehen: Der Rückenpanzer besitzt einen rundlichen Umriss; er ist fast ebenso lang wie breit und in der Mitte deutlich abgeflacht. Auf hell- bis gelblichbraunem Grund zeigt sich eine mehr oder minder ausgeprägte dunkle Pigmentierung.

Pflege: Die Pflege im Terrarium ist nur unter Einhaltung der im heimischen Lebensraum herrschenden Klimabedingungen möglich.

Breitrandschildkröte

Testudo marginata

Verbreitung und Lebensraum: Die Breitrandschildkröte ist im südöstlichen Griechenland und im äußersten Süden Albaniens zuhause. Ihren Lebensraum bilden verschiedene Trockenhabitate, wobei hügelige Buschlandschaften eindeutig den Vorzug erhalten.

Aussehen: Der längliche Rückpanzer ist unmittelbar hinter der Mitte am höchsten und hat steil abschüssige Flanken. Die hinteren Randschilder sind verbreitert, nach oben gebogen und gezähnt. Sie besitzen eine dunkelbraune bis schwarze Grundfarbe, und in den Zentren der Rückenschilde sitzt meist ein hellerer Fleck.

Pflege: Um der Größe und dem Bewegungsdrang der Tiere gerecht zu werden, muss man sie in geräumigen Anlagen pflegen.

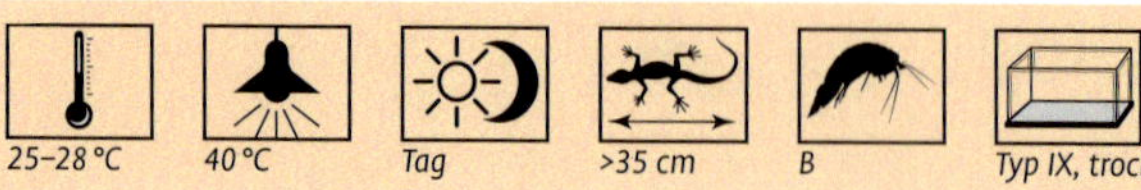

Rotwangen-Schmuckschildkröte

Trachemys scripta elegans

Verbreitung und Lebensraum: Die Art bewohnt weite Teile Nordamerikas. Sie bevorzugt ruhige Gewässer mit weichem, schlammigem Bodengrund, üppiger Vegetation und Plätzen zum Sonnenbaden. Die Tiere sind gewandte Schwimmer, die das Wasser nur zur Eiablage oder zum Sonnen verlassen.

Aussehen: Der flache, ovale Rückenpanzer ist relativ glatt und hinten mit leicht gesägten Randschilden versehen. Während seine Grundfarbe bei älteren Tieren meist olivgrün bis braun ist, zeigen die Jungen ein leuchtendes Grün mit dunkelgrüner Mäanderzeichnung.

Pflege: Die Rotwangen-Schmuckschildkröte benötigt aufgrund ihrer Größe und Bewegungsfreudigkeit ein entsprechend großes Aquaterrarium.

25–28 °C | *40 °C* | *Tag* | *>28 cm* | *A und C* | *Typ VIII, feucht*

Verzeichnis der deutschen Namen

Literatur

Henkel, F.-W., Schmidt, W.: Leguane. Verlag Eugen Ulmer, Stuttgart 2006.

Henkel, F.-W., Schmidt, W.: Geckos. Verlag Eugen Ulmer, Stuttgart 2003.

Henkel, F.-W., Schmidt, W.: Terrarien, Bau und Einrichtung. Verlag Eugen Ulmer, Stuttgart 2003.

Rogner, M.: Echsen. Verlag Eugen Ulmer, Stuttgart 2005.

Trutnau, L.: Ungiftige Schlangen. Verlag Eugen Ulmer, Stuttgart 2002.

Trutnau, L., Rössel, D.: Giftschlangen. Verlag Eugen Ulmer, Stuttgart 1998.

Bildquellen

F.W. Henkel: Seite 2, 8, 9, 10, 11, 12, 13, 14, 17, 20, 21, 22, 25, 26, 28, 29, 31, 33, 34, 35, 36, 37, 38, 39, 41, 42, 43, 45, 46, 48, 49, 50, 51, 52, 54, 57, 58, 59, 60, 61, 62, 63, 64, 65, 68, 69, 70, 71, 72, 73, 75, 76, 77, 78, 79, 80, 82, 83, 84, 86, 87, 92, 93, 96, 97, 99, 100, 102, 103, 104, 105, 106, 107, 108, 110, 111, 112, 113, 114, 115, 116, 117, 120, 121, 122, 123, 124, 125, 127, 128, 129, 130, 131, 132, 133, 134, 135, 136, 137, 138, 141, 143, 144, 145, 146, 147, 148, 149, 150, 152, 153, 154, 155, 156, 157, 158, 159, 162, 163, 166, 169, 171, 179, 180, 182, 184, 185,

H. Schmidt: Seite 15, 16, 18, 19, 23, 24, 27, 30, 32, 40, 44, 47, 53, 55, 56, 66, 67, 74, 81, 85, 88, 89, 90, 91, 101, 109, 118, 119, 126, 139, 140, 142, 160, 161, 164, 165, 168, 170, 172, 173, 174, 175, 176, 177, 178, 181, 183, 186, 187, 188, 189

S. Broghammer: Seite 151

M. Rogner: Seite 167

Die Piktogramme fertige **Helmuth Flubacher**, Waiblingen